高等院校海洋科学专业规划教材

海洋动物学实验

Experiments of Marine Zoology

黄志坚　宁曦◎编著

·广州·

内容提要

本书围绕海洋动物学的基础知识,将海洋动物学理论教学内容和实验实践课程内容紧密结合。实验涉及内容包括海洋生物调查、采集、标本制作,海水水体理化因子的测定,海洋病原微生物分离培养和鉴定,常见软体动物、甲壳类、虾类、蟹类、鱼类综合实验,海洋动物生物学特性综合性研究等相关实验技术。本书一共 16 个实验,适合高等院校相关专业作为实验教材使用。

图书在版编目(CIP)数据

海洋动物学实验/黄志坚,宁曦编著. —广州:中山大学出版社,2019.1
(高等院校海洋科学专业规划教材)
ISBN 978 - 7 - 306 - 06301 - 4

Ⅰ. ①海… Ⅱ. ①黄… ②宁… Ⅲ. ①水生动物—海洋生物—实验—高等学校—教材 Ⅳ. ①Q958.885.3 - 33

中国版本图书馆 CIP 数据核字(2018)第 031031 号

HAIYANG DONGWUXUE SHIYAN

出 版 人:王天琪
策划编辑:邓子华
责任编辑:邓子华
封面设计:林绵华
责任校对:付 辉
责任技编:何雅涛
出版发行:中山大学出版社
电　　话:编辑部 020 - 84111996,84113349,84111997,84110779
　　　　　发行部 020 - 84111998,84111981,84111160
地　　址:广州市新港西路 135 号
邮　　编:510275　　　　传　真:020 - 84036565
网　　址:http://www.zsup.com.cn　E-mail:zdcbs@mail.sysu.edu.cn
印 刷 者:佛山市浩文彩色印刷有限公司
规　　格:787mm×1092mm　1/16　8.5 印张　200 千字
版次印次:2019 年 1 月第 1 版　2019 年 1 月第 1 次印刷
定　　价:32.00 元

版权所有　翻印必究　　如发现本书因印装质量影响阅读,请与出版社发行部联系调换

《高等院校海洋科学专业规划教材》
编审委员会

主　　任　　陈省平　　王东晓

委　　员　　（以姓氏笔画排序）

王东晓　　王江海　　吕宝凤　　刘　岚
孙晓明　　苏　明　　李　雁　　杨清书
来志刚　　吴玉萍　　吴加学　　何建国
邹世春　　陈省平　　易梅生　　罗一鸣
赵　俊　　袁建平　　贾良文　　夏　斌
殷克东　　栾天罡　　郭长军　　龚　骏
龚文平　　翟　伟

总　　序

海洋与国家安全和权益维护、人类生存和可持续发展、全球气候变化、油气和某些金属矿产等战略性资源保障等息息相关。贯彻落实"海洋强国"建设和"一带一路"倡议，不仅需要高端人才的持续汇集，实现关键技术的突破和超越，而且需要培养一大批了解海洋知识、掌握海洋科技、精通海洋事务的卓越拔尖人才。

海洋科学涉及领域极为宽广，几乎涵盖了传统所熟知的"陆地学科"。当前海洋科学更加强调整体观、系统观的研究思路，从单一学科向多学科交叉融合的趋势发展十分明显。在海洋科学的本科人才培养中，如何解决"广博"与"专深"的关系，十分关键。基于此，我们本着"博学专长"的理念，按照"243"思路，构建"学科大类→专业方向→综合提升"专业课程体系。其中，学科大类板块设置基础和核心2类课程，以培养宽广知识面，让学生掌握海洋科学理论基础和核心知识；专业方向板块从第四学期开始，按海洋生物、海洋地质、物理海洋和海洋化学4个方向，进行"四选一"分流，让学生掌握扎实的专业知识；综合提升板块设置选修课、实践课和毕业论文3个模块，以推动学生更自主、个性化、综合性地学习，提高其专业素养。

相对于数学、物理学、化学、生物学、地质学等专业，海洋科学专业开办时间较短，教材积累相对欠缺，部分课程尚无正式教材，部分课程虽有教材但专业适用性不理想或知识内容较为陈旧。我们基于"243"课程体系，固化课程内容，建设海洋科学专业系列教材：一是引进、翻译和出版 Descriptive Physical Oceanography: An Introduction (6 ed)（《物理海洋学·第6版》）、Chemical Oceanography (4 ed)（《化学海洋学·第4版》）、Biological Oceanography (2 ed)（《生物海洋学·第2版》）、Introduction to Satellite Oceanography（《卫星海洋学》）等原版教材；二是编著、出版《海洋植物学》《海洋仪器分析》《海岸动力地貌学》《海洋地图与测量学》《海洋污染与毒理》《海洋气象学》《海洋观测技术》《海洋油气地质学》

等理论课教材；三是编著、出版《海洋沉积动力学实验》《海洋化学实验》《海洋动物学实验》《海洋生态学实验》《海洋微生物学实验》《海洋科学专业实习》《海洋科学综合实习》等实验教材或实习指导书，预计最终将出版40余部系列教材。

教材建设是高校的基础建设，对实现人才培养目标起着重要作用。在教育部、广东省和中山大学等教学质量工程项目的支持下，我们以教师为主体，及时地把本学科发展的新成果引入教材，并突出以学生为中心，使教学内容更具针对性和适用性。谨此对所有参与系列教材建设的教师和学生表示感谢。

系列教材建设是一项长期持续的过程，我们致力于突出前沿性、科学性和适用性，并强调内容的衔接，以形成完整知识体系。

因时间仓促，教材中难免有所不足和疏漏，敬请不吝指正。

《高等院校海洋科学专业规划教材》编审委员会

前　　言

　　海洋动物学实验是海洋动物学教学的重要环节。我国海洋动物学实验教学体系不够完善，我们在调研和参考国内外有关院校和科研机构在海洋动物学实验教学方面的研究经验基础上，总结、提炼和整理出海洋动物学实验教学方法和内容。根据本科生专业的实际情况和基础，确立切实可行的海洋动物学实验教学体系，制订符合海洋生物资源和环境专业实际的海洋动物学教学大纲，编写出海洋动物学实验指导书。

　　根据海洋动物学实验教学大纲，本书围绕海洋动物学的主要内容，将海洋动物学理论教学内容和实验实践课程内容紧密结合，注重将海洋动物学科研成果应用于海洋动物学实验教学，开设海洋动物学基础实验和开放性实验，培养学生积极思考和动手的能力，培养海洋动物学研究和应用的新型高级人才。

　　由于海洋动物学实验课程开设刚刚起步，加之编著者能力有限，书中实验内容有待完善和补充，欢迎同行专家和广大读者多提宝贵建议，批评指正。同时，本实验指导书参考了大量国内外有关院校和科研机构在海洋动物学实验教学方面的资料和经验，在此一并致谢。

编著者
2019 年 1 月

目　　录

实验须知	1
实验一　海洋生物调查和采集方法	2
一、实验目的	2
二、实验内容	2
三、作业	7
实验二　海洋生物标本的制作和观察	8
一、实验目的	8
二、实验内容	8
三、作业	11
实验三　海洋生物实验室和海洋生物养殖场参观实习	12
一、实验目的	12
二、实验内容	12
三、作业	13
实验四　海水水体理化因子的测定	14
一、实验目的	14
二、实验材料	14
三、实验工具	14
四、实验内容	14
五、实验步骤	20
六、注意事项	23
七、作业	23
实验五　海洋病原微生物分离培养和鉴定	24
一、实验目的	24
二、实验材料	24
三、实验内容	24

	四、实验步骤	……	39
	五、作业	……	39
实验六	浮游生物样品采集和观察	……	40
	一、实验目的	……	40
	二、实验内容	……	40
	三、实验步骤	……	46
	四、作业	……	47
实验七	常见软体动物（腹足纲、瓣鳃纲）生物学研究	……	48
	一、实验目的	……	48
	二、实验材料	……	48
	三、实验工具	……	48
	四、腹足纲、瓣鳃纲简介	……	48
	五、实验步骤	……	57
	六、作业	……	57
实验八	常见软体动物（头足类）生物学研究	……	58
	一、实验目的	……	58
	二、实验材料	……	58
	三、实验工具	……	58
	四、头足纲简介	……	58
	五、实验步骤（以乌贼为例）	……	59
	六、注意事项	……	61
	七、课堂作业	……	61
	八、课后作业	……	61
实验九	虾类生物学研究	……	62
	一、实验目的	……	62
	二、实验材料	……	62
	三、实验工具	……	62
	四、虾类简介	……	62
	五、实验内容	……	76
	六、课堂作业	……	77
	七、课后作业	……	77

实验十	虾类血淋巴光镜的观察和检测	78
	一、实验目的	78
	二、实验对象	78
	三、实验工具	78
	四、虾蟹简介	78
	五、实验内容	81
	六、作业	82
实验十一	蟹类生物学研究	
	——外部形态和内部解剖观察及采血技术	83
	一、实验目的	83
	二、实验材料	83
	三、实验工具	83
	四、蟹类简介	83
	五、实验内容	100
	六、课堂作业	101
	七、课后作业	101
实验十二	海洋鱼类综合性实验	102
	一、实验目的	102
	二、实验材料	102
	三、实验工具	102
	四、鱼类简介	102
	五、实验内容	108
	六、课堂作业	109
	七、课后作业	109
实验十三	海洋动物资源调查	110
	一、实验目的	110
	二、实验内容	110
	三、作业	111
实验十四	海洋动物生物学特性综合性研究	112
	一、实验目的	112
	二、实验内容	112
	三、作业	112

实验十五 海洋动物遗传多样性研究 ·· 113
 一、实验目的 ··· 113
 二、海洋动物遗传多样性简介 ··· 113
 三、作业 ··· 116

实验十六 海洋动物开放性实验设计展示 ·· 117
 一、实验目的 ··· 117
 二、实验要求 ··· 117
 三、实验材料 ··· 117

主要参考书目 ·· 121

实 验 须 知

（1）实验前认真预习实验指导和教材的相关部分，了解实验的目的、内容和方法。

（2）进行实验时应严格遵守上课时间，带齐教材、纸张、铅笔、直尺、橡皮擦等用具。操作前认真听老师讲解实验重点和技术操作的关键。

（3）实验过程要保持实验室内安静、紧张有序的学习气氛，不要随意走动，互相攀谈、聊天，更不要高声喧哗。

（4）注意时间的合理分配，对规定的实验内容，应严格按照要求在规定的时间内完成。根据实验内容独立或合作完成操作，养成认真细致、一丝不苟、独立思考的科学精神和探索求真的学习态度，同时注意同学间的交流和合作精神的培养。

（5）实验过程中注意安全，避免实验动物或实验器械对身体造成损伤。

（6）要爱护公物，保持实验室整洁，不随意抛丢垃圾。用过的物品要整理好，放回原处。注意载玻片和盖玻片等观察后要放回玻片盒或玻片盘，不要置于手肘边、实验台边缘，以免将载玻片和盖玻片扫落坠地，造成损坏。如有损坏公物，要及时报告老师，登记被损坏的物品和责任人，视造成后果给予处理。

（7）做好实验记录，按时完成实验报告。

（8）实验完毕，每个同学要将自己用过的器具清洁、整理好，保持实验台整洁；值日生要做好清洁卫生工作，整理使用过的实验用具；离开实验室时要关好水、电、门窗，防止发生安全事故。

实验一　海洋生物调查和采集方法

一、实验目的

了解海洋生物调查和采集方法。

二、实验内容

海洋生物调查主要包括海洋藻类调查、海洋浮游生物调查、海洋底栖生物调查和海洋鱼类调查等。

(一) **海洋生物采样器**

海洋生物采样器是海洋生物样品采集工具的总称。根据用途又可分为浮游生物采样器、底栖生物采样器、附着生物采样器、微生物采样器和各种渔网等。

1. 浮游生物采样器

浮游生物采样器主要包括浮游生物网、浮游生物连续记录器和浮游生物泵等。

浮游生物网可分为简单式浮游生物网和复合式浮游生物网2类。世界上第一个简单式浮游生物网在1828年被研制出来，用来捕捉小蟹和藤壶幼虫。简单式浮游生物网由网口、网衣、网底取样瓶、桶和囊袋构成。网口由边框支撑，呈圆形、三角形或长方形等形状；网衣与网口连接，网眼大小规格很多，可根据采集对象的大小加以选用；网底取样瓶附在网衣末端，用以收集网中的浮游生物样品。复合式浮游生物网是在网架上装配若干个网，可同时采集不同水层中的浮游生物样品。先进的复合式网配备有环境监测仪器，用电子计算机处理资料，显示环境参数和网位深度、网滤水量等数据。

浮游生物连续采集器于1936年发明，使用时拖于船尾，在船航行时连续采集浮游生物样品。采集器主要由水雷形管子、筛绢、卷轴、潜水板、齿轮箱、福尔马林池等部分组成，通过管内缓缓卷动的筛绢不断过滤进入仪器中的海水，得到浮游生物样品。

浮游生物泵是抽取海水的离心泵，抽取的海水经筛绢过滤便可得到浮游生物样品。

2. 底栖生物采样器

底栖生物采样器包括底拖网、采泥器和柱状取样管。底拖网由长方形或三角形的架子和袋形网构成,用船拖曳在海底采集底栖生物样品。采泥器有蚌式采泥器、弹簧采泥器等,依靠重力或弹力将 2 个颚瓣插入海底表层沉积物内取样。柱状取样管靠降落时自身的重量插入底质中,采集小型底栖生物样品。

3. 附着生物采样器

附着生物采样器的主要工具是挂板。将挂板放置在预测地点,按规定时间取回,获取附着生物样品。试验挂板分木质和非木质两类,按规格分为年板、季板和月板。

4. 微生物采样器

微生物采样器主要包括微生物采水器和采泥器等。

微生物采水器用于采集海水中的微生物样品,有佐贝尔采水器、复背式采水器和无菌采水袋等。常用的佐贝尔采水器由机架和采水瓶两部分组成,将其沉放到预定深度时,投放下坠铁块敲击杠杆后部,杠杆前端挑起,将玻璃管击断,使海水进入采水器瓶内。复背式采水器由一个厚壁橡皮球附加在颠倒采水器上构成,采水器颠倒时,把球口上的塞子拉下,海水进入橡皮球中。无菌采水袋由无菌塑料袋和采水机架组成,采水袋沉放到预定采水深度时,用锤或切刀将水嘴打开,海水流入。

采泥器也可用来采集底质中的微生物样品。

(二)海洋藻类调查

1. 采样点的设置

采样点的设置有几个要求:第一,根据采集样品的需求而定,不同类型的海洋藻类设置采样点的距离、位置、深度均有所不同;第二,根据周边海域人类生活影响情况而定,若是采样点在河口,需要了解当地排污口的位置;第三,根据当地气候而定,每个季节气压带和风带随着太阳直射点的移动而移动,由于海陆热力差异所造成盛行的风向不同,海洋藻类的生长地点也随着风向的改变而有所变化;第三,在采样范围内按一定规则分布采样点,可以是均匀分布,也可以根据地形、水团等因素不均匀分布采样点。在进行采样点设置的时候,要确定其经纬度、所处的方位等地理位置信息,可以借助 GPS 进行定位。

2. 调查方法

(1)定性样品采集。在各采样点中部的水面和水面下 0.5 m 处,用 25 号浮游生物网以每秒 20~30 cm 的速度作"∞"形往复缓慢拖动约 10 min 后垂直提出水面。将采得的水样倒入标本瓶中,加入鲁哥氏液进行固定,带回实验室,在显微镜下进行浮游藻类的观察、鉴定和分类。浮游藻类鉴定到种或属，其中的优势种鉴定到种。

（2）定量样品采集。在各采样点用有机玻璃采水器按断面左、中、右 3 点进行定量样品的采集。在各采样点共计采集水样 1 000 mL，加入 15 mL 鲁哥氏液进行固定并带回实验室后，浓缩至 30 mL，充分摇匀，用定量吸管取 0.1 mL，注入计数框内，在显微镜下进行藻类计数。每个水样计数 3 片，并计算平均值。

3. 评价方法

（1）Margalef 多样性指数。通过测得某生态区域内生物多样性程度来判断该区域污染程度。生物多样性越好，污染越轻。

（2）Margalef 多样性指数公式：

$$D = (S-1)/\ln N \tag{1-1}$$

其中，D 为物种丰富度，N 为样品总个数，S 为种类数。

Shannon-wiener 生物多样性指数公式为：

$$H = -\sum (P_i)(\ln P_i) \tag{1-2}$$

其中，P_i 为群落中第 i 种的个体数占所有物种总个体数的比例。如果生态系统的多样性程度越高，其不定性就越大，则 Shannon-Wiener 指数就越大。即各种之间，个体分配越均匀，H 值就越大。如果每一个体都属于不同的种，多样性指数就最大；如果每一个体都属于同一种，则其多样性指数就最小。

4. 浮游藻类组成分析

用显微镜观察不同时期采集的水样，并用数码相机连接显微镜进行拍照，根据形态鉴定藻类的主要组成。

（三）海洋浮游生物调查

1. 目的

明确海洋中浮游生物的种类组成、数量分布和变化规律，从而研究海洋生态系统的构成、物质循环和能量流动，为合理开发利用海洋资源、保护海洋环境提供基本资料。

2. 内容

调查内容包括浮游植物的种类组成、数量分布，以及浮游动物的生物量、种类组成和数量分布；调查内容还可分为定性和定量调查，前者是调查海区中浮游生物的种类组成和分布状况，后者是调查海区中浮游生物的数量、季节变化和昼夜垂直移动等，特别是海区优势种类的数量和分布状况的变化。

3. 方法

调查方法有大面观测、断面观测和定点连续观测（昼夜连续观测）。

（1）大面观测是为了掌握海区浮游生物的水平分布及变化规律，以一定时间、一定距离，使用棋盘式或扇状式的方法进行观测采集，包括分层采水和底层拖网。分层采水用于浮游植物调查、叶绿素浓度和初级生产力的测定；底层拖网通常用于浮游动物的采集。

（2）断面观测是为了掌握浮游生物垂直分布情况，在调查海区布设几条有代表性的观测断面，在每个断面上设若干个观测站进行采集，包括底表拖网、垂直分段拖网和分层采水等。

（3）定点连续观测是为了研究浮游生物的昼夜垂直移动，在调查海区布设若干有代表性的观测站，根据研究目的在观测站抛锚进行整日或多日连续观测。

4. 海上样品采集

样品采集主要使用采水器、浮游生物拖网和底栖生物拖网。采集的时间、位点依研究海域的实际情况和具体研究对象而定。

5. 海上记录

海上采集过程要按规定做好原始记录。记录内容包括站位号、海区、站位、水深、采样时间、采集项目、绳长、倾角、瓶号、采集及记录者姓名等。

6. 活体样品的观察

样品收集后，一部分用于活体实验观察。将混合标本置于载玻片上或培养皿中，在显微镜或解剖镜下进行观察，注意各类浮游生物的体色、形态、运动形式等。

7. 样品的固定与分析

收集后的样品除用于活体观察外，其余样品要立即杀死和固定。一般浮游植物每升水样用6～8 mL碘液固定，浮游动物用5%甲醛溶液固定。将固定好的标本在显微镜或解剖镜下进行分类鉴定。

（四）海洋底栖生物调查

底栖生物分为大型底栖生物和小型底栖生物。

1. 大型底栖生物调查

大型底栖生物的调查方法分为定量采泥和定性拖网两部分。

定量采泥是了解单位面积中有多少个或多少克底栖生物；定性拖网应有较大的采样面积，能更好地了解底栖生物的种类组成和分布，是对定量采泥的补充。一般的海洋底栖生物调查都要求做定量采泥，有条件的可以做定性拖网。

（1）定量采泥。定量采泥用的工具是采泥器，之所以是定量，是因为各种采泥器完全张开口的面积是一定的，如有 0.25 m²、0.1 m²、0.05 m² 等（表 1-1）。也就

是说，采泥器所采到的海底沉积物的表面积是一定的，通过对一定表面积沉积物中的底栖生物进行分析，就能知道该站位所采到的各种底栖生物的个体数和生物量。

海洋调查规范规定，一个站位的采泥面积不小于 0.2 m²。

表1-1 不同规格的采泥器对应的适应区域和采样次数

项目	采泥器/m²	适应区域	采样次数/站位
1	0.10	近岸浅水调查	1
2	0.25	大洋调查	2
3	0.05	港湾调查	4

使用采泥器将沉积物采上后的下一步工作是分选，即过筛子。分选大型底栖生物的筛子的网孔孔径是 0.5 mm。将泥样放入筛子中，然后用海水慢慢冲洗，直至海水变清，也就是说小于 0.5 mm 的颗粒已经全部漏下筛子。这时，应将留在筛子上的标本及渣子全部收集，装入广口瓶中，加固定液保存。回到陆地实验室后，在解剖镜下将渣子中的标本全部拣出，然后进行分类鉴定。

（2）定性拖网。根据调查的目的要求和对各站深度与底质性质等的预先了解来选择适宜的网具。

2. 小型底栖生物调查

（1）定量取样。使用内径 2.6 cm（根据底质类型不同，孔径有变化）的有机玻璃管，在采有沉积物样品的箱式采泥器中插管取样，称为取分样或再取样。

（2）定性取样。在采上沉积物样品的箱式采泥器中刮取表面适量的沉积物，作为定性样品。

（五）海洋鱼类调查

1. 海洋鱼类资源调查

分站设点，根据各江段的鱼类出现的频率（以往记录的渔场）建立标本采集点。采取定点定时为主、面上零星抽样调查为辅的采样方法获取渔获物，并对渔获物的组成进行分析。依据相关表格记录并分析数据。设计现有的渔具、渔法的问卷调查，内容包括：①现在捕获量的调查；②了解以往的资源状况；③野生鱼类天然种苗的资源状况调查；④现存的饵料生物量与渔产力；⑤主要经济鱼类的生产力分析；⑥以往传统的产卵场的变化情况。根据有关海洋鱼类资源调查方法的标准设计合理和科学的调查方案和工作计划。

2. 海洋鱼类生物学特性研究

海洋鱼类生物学特性研究内容有：①采集鱼类及鉴定；②对鱼类年龄与生长、繁殖和食性的鉴定、分析；③记录可量、可数性状；④记录渔获物中各种鱼类的体长、体重、空壳重、肠长、性别、性腺成熟度等数据，分析渔获物组成及生物学性状，采集部分种类胃内容物及性腺。

3. 海洋鱼类遗传多样性分析

根据鱼类资源特征性及经济、生态代表性类型选择重点的经济鱼类，开展遗传背景的分析和研究。参照现有鱼类种质标准列举的项目，包括物种的名称、图片、分类地位、形态特征、生态特性、重要生理、生化与遗传数据、分子标记等，构建鱼类遗传信息库。以 mtDNA D-loop 基因等作为分子标记，比较不同地理群体及个体间的核苷酸序列，检测核苷酸突变位点、单倍型，比较不同群体的遗传多样性高低。计算遗传多样性参数，构建 UPGMA 和 NJ 分子系统树。确定不同群体的亲缘关系和遗传多态性状况，为开展遗传育种工作提供科学的依据。

三、作业

（1）海洋生物调查包括哪些方面？
（2）不同海洋生物分别有哪些不同的采集方法？

实验二　海洋生物标本的制作和观察

一、实验目的

通过对海洋生物标本的观察，了解海洋生物标本的采集和制作，初步掌握主要海洋生物的外部形态特征。

二、实验内容

生物标本制作是一门科学和艺术相结合的独特技艺，它始于英国，有300余年历史。近代中国的生物标本制作技术分别从欧洲和日本传入后，形成"南唐北刘"两派。生物标本制作多服务于自然类博物馆、生物学研究机构、学会和学校生物系。近代中国的生物标本制作技术属于传统标本制作范畴。

海洋生物种类繁多，仅就无脊椎动物而言，不同的动物种类，其标本制作和处理的方法亦不相同。

1. 海藻

先将采得的海藻放入淡水中，用自来水清洗干净，除去泥沙和污物，然后放入盛有淡水的瓷盘中，将1张比海藻稍大的台纸轻轻插入水底，托住海藻。此时用解剖针、镊子根据海藻生态状况在台纸上把它伸展开，接着小心地把台纸连同海藻一起从水中托出。托出之后，在海藻上盖1层纱布，再一起夹在吸水纸中间进行压制，吸水纸每日更换1次，直至标本压干为止。最后将纱布轻轻揭下即可。制好的标本可装入玻璃镜框中。

2. 海绵动物

将采得的海绵动物用清水（海水）洗净后，立即放入80%的乙醇溶液中固定，24 h内移入70%的乙醇溶液中保存。若不能马上放入乙醇溶液中固定，也不宜放置过久，否则海绵动物会皱缩，失去原来的形态。另外，海绵动物不宜用福尔马林保存，因为石灰质的骨针易被福尔马林中的有机酸腐蚀。海绵动物标本除可浸制外，还可以将其干制后再洗净。用水浸泡1～2 h后，移入70%的乙醇溶液中浸泡24 h，晒干保存。

3. 腔肠动物

水母和海葵分别为腔肠动物中两种不同生活类型的代表，水母为自由游泳类型，海葵则为固着生活型。它们都具弥散式神经，只要身体受到外界刺激，全身会立即收缩，所以，在将其固定前要进行麻醉处理。

采集到完整水母后，先将其置于装有新鲜海水的容器中，待其恢复自然状态后，用1%的硫酸镁溶液麻醉约20 min。待动物不再运动，用7%的福尔马林将其杀死，移入5%的福尔马林中保存。

海葵喜固着生活，采集时最好连石块一起敲下，置于盛有海水的容器中。待其触手充分伸展，用注射器沿容器边缘徐徐注入3%的薄荷脑乙醇溶液5～10 mL。30 min后，再沿容器壁注入5～10 mL硫酸镁饱和液。此后，每30 min加入1次硫酸镁饱和液。待用镊子触碰海葵的触手，而海葵没有反应时即完成麻醉。此时，将30%的福尔马林从其口注入肠腔中，然后移入5%的福尔马林中保存。麻醉动物时一定要有耐心，否则会导致失败。

4. 环节动物

沙蚕标本也需经麻醉处理，否则会扭卷或折断，失去原来的形态。处理方法：将沙蚕放入盛有海水的瓷盘中，逐渐加入淡水或滴入1%的福尔马林。几小时后，动物濒临死亡。此时，用7%的福尔马林液固定24 h，移入5%的福尔马林中保存。

5. 软体动物

海产软体动物种类繁多，生活类型也各不相同。软体动物可以浸制，也可干制。干制标本多限于贝壳类，如虎斑宝贝、卵螺和红螺等，可将它们放入淡水中杀死，任凭其肉体腐烂。数日后，将腐肉冲洗干净，晾干即可获得干制标本。若制作浸制标本，则需要麻醉，待动物的触角、腹足外露后不再收缩，即可放入70%的乙醇溶液中保存。乌贼等头足类动物可将其放入淡水中杀死，洗净污物，进行整形。乌贼的捕食腕需拉出来，将其投入5%的福尔马林或70%的乙醇溶液中保存。

不同的贝类，其贝壳的大小、形态、条纹、花色均有差异。因此，在贝类分类学上，贝壳的形态是最常见、最重要的分类依据之一。在制作贝类标本时，有干制和浸制标本之分。

（1）干制标本的制作。制作贝类干制标本有水煮和沙埋两种方法。

A. 沙埋法。除去内脏团，取其石灰质外壳作为标本保存。将采集到的贝类置于沙中掩埋，待其完全腐烂后，取出，用清水冲尽污物，晾干即可保存。

B. 水煮法。有的贝类为海鲜品，本身有很高的食用价值。如毛蚶、泥蚶、扇贝、贻贝、珍珠贝、江珧等，在制作干制标本时，首先用水煮熟，食用肉质部分后，将贝壳洗净即可。

（2）浸制标本的制作。将采集到的贝类标本置于盛海水的容器中，待其充分伸展后，用硫酸镁麻醉3 h，倒出海水，用10%的福尔马林将其杀死。8 h后，移入5%的福尔马林中保存。

6. 节肢动物

海洋中节肢动物的种类也很多，它们的标本也有浸制与干制两种。大型的虾、蟹、鲎等均可干制，方法是将10%的福尔马林注入动物体内，接着放入10%的福尔马林中浸泡6～10 h，最后晾晒干燥即可。浸制方法：先将动物放入淡水麻醉杀死，再整形放入70%的乙醇溶液中保存，为防止标本肢体酥脆，最好加入几滴甘油。

将采集的蟹放在一个大玻璃瓶中，用脱脂棉蘸少许氯仿或乙醚放入，塞紧瓶盖，麻醉30 min后，投入10%的福尔马林固定液中保存。切忌直接投入固定液中，否则会出现切肢现象。

7. 棘皮动物

海参在固定前要先麻醉。将采来的海参放入盛有海水的容器中培养几天，待其触手和身体完全伸展开后，在水面上撒入薄荷脑，再加入少量硫酸镁。用解剖针触其触手不再收缩时，即可保存于70%的乙醇溶液中。海星标本的制作方法亦与此相同。一些海胆类动物可先放入淡水中麻醉，后放入70%的乙醇溶液中固定保存。固定时可在背面或腹侧穿一小孔，使乙醇很快地浸入海胆内部。另外，海胆和海星亦可制成干制标本，程序是先把动物整形，然后放入10%的福尔马林中浸泡6～10 h，晒干即可。

8. 脊索动物

制作柱头虫标本，需先将其放入海水中培养，待其将腹内泥沙排出，然后用淡水麻醉，再放入70%的乙醇溶液中。海鞘采来后，先用清水洗净，放入海水中让它舒展开，待其出、入水孔张开后，即投入薄荷脑进行麻醉。当出、入水孔不再并合时，即可用福尔马林保存。

文昌鱼标本的浸制很简单，可将其清洗干净后，直接投入70%的乙醇溶液或5%的福尔马林中保存。

9. 鱼类

鱼类的浸制标本制作较简单，先用清水将其体表泥沙、黏液以及口腔、鳃清洗干净，将其鳍棘、鳍条伸开，放入10%的福尔马林中保存即可。这种标本只限于较小的鱼类，若是体长几米乃至十余米长的大型鱼类，则需制作剥制标本了。制作剥制标本程序如下。

将鱼的体长、全长、最大体围和最小体围等必要数据测量记录好，绘出制作图。这些工作结束后，再将鱼腹朝上，用刀沿腹部正中线切开，把鱼皮细心剥下，除去眼球和鳃。待鱼皮和鱼体分离后，再进一步精工剔除皮上的肉、脂，将鱼皮置于70%

的乙醇溶液中浸泡数日。在此期间，着手用木板、木条根据测得的数据和制作草图制作比鱼体稍小的假体。假体制成后，为使其软硬度适宜，需在假体外敷以稻草，外面再披上麻袋片。最后将鱼皮从乙醇溶液中取出，在鱼皮内面涂防腐剂（配方：亚砷酸 500 g，肥皂 1 500 g，樟脑 30 g。用水调好，慢火煮沸至呈糊状即可使用，接着将其涂到假体上缝合）并进行形态整理，将各鳍拍平理好，用木板夹住固定一段时间。待干后去掉木板，将玻璃眼安装在眼窝内，即完成制作。

三、作业

（1）观察海洋生物标本，记录种类和名称，绘制两三种海洋生物外部形态结构图。

（2）简述不同海洋生物标本的制作方法。

实验三　海洋生物实验室和海洋生物养殖场参观实习

一、实验目的

(1) 了解海洋生物技术研究院实验室的基本情况。
(2) 了解主要仪器的名称、作用和注意事项。
(3) 养殖水循环系统介绍，实验养虾的养殖关键点。
(4) 鱼塘参观并交流。

二、实验内容

本次实验主要包括3部分内容：①认识仪器；②认识实验用虾养殖关键点及循环系统原理；③参观室外大池塘。

实验前请大家遵守3点要求：①未经许可，不能触碰标有警示标志或文字的物品仪器；②未经许可，不能乱按和操作实验室仪器；③不许捉拿养殖实验用虾。

（一）海洋楼实验室

海洋楼实验室仪器有：冰箱、高压灭菌锅、恒温水浴箱、纯水系统、PCR系统、PCR仪、电泳仪及电泳槽、离心机、烘箱、微波炉、电炉、分光光度计、生化培养箱、超净工作台等。

（二）海洋楼养殖室

1. 实验用虾的养殖关键点

养殖（暂养）管理、投喂管理、实验过程如下。

(1) 放养前。①预算好本次实验用虾的数量，通常虾的成活率为80%，也就是说，数量要达到计划中的1.25～1.5倍。②选择合适的虾苗。虾苗的选择标准包括虾苗的大小是否均匀，是否健康等。③准备养殖配套设备，包括安排养殖用箱，清洗桶和沙，必要时使用药物消毒用具，调控水质（调控水温、盐度、pH等），调好气量，让循环效果最好。

（2）养殖（暂养）管理。每天做好数据记录，如养殖虾的开始日期，水族缸每天的水温、盐度、pH，每天的虾是否正常（体色、摄食、死亡数）等。检查供氧是否正常，进排水开关是否关紧。

（3）投喂管理。投喂优质饲料，初次投喂按体重的10%，早晚各投喂1次。下次投喂前观察是否有剩饵，有则少投或不投，无则按原投喂量投喂。投喂后1 h观察，如果饵料吃完，下餐可适当增投饲料。暂养1 w，稳定后进入实验阶段。

（4）实验过程。按实验需要做适当的调整，做好日常数据记录。

2. 过滤循环系统

气石将小管内部的水在气的带动下泵出水面，过滤材料的水在物理作用下不断补足管内的水，随后过滤材料的水也需要补给，在水压和渗透压的作用下，水层中的水经过过滤材料往下渗透，从而起到过滤作用。到管内的水是经过过滤材料过滤的新水，能将水层中的一些细菌、粪便、残饵微粒等有机物阻隔在过滤材料当中。

（三）海洋楼室外大塘（提问交流式）

（1）首先，简单介绍养殖的品种、养殖时间、每天投喂的次数；其次，示范检测3个水质指标（盐度、pH、水温）；再次，接下来提问讨论。

（2）养鱼池塘建设必备的条件（建设养殖场考虑的因素）有哪些？养鱼池塘建设必备的条件有：资金、种苗、水（质与量）、技术水平、池塘条件、饲料问题、交通、市场价格、电力、气候、治安，以及国家政策等。

（3）养鱼的日常管理工作有哪些？养鱼的日常管理工作包括投喂，巡塘（有无发病，有无危害生物，有无逃跑隐患），调控水质，测定生长率，关注市场价格和附近养殖场养殖情况，写好养殖经验总结等。

（4）回答提问。

三、作业

（1）简述海洋实验中心中的5台仪器设备的原理及使用注意事项。
（2）简述实验用虾的养殖关键点。
（3）简述水循环过滤系统原理。

实验四　海水水体理化因子的测定

一、实验目的

(1) 掌握海水主要水体理化因子的测定方法。
(2) 初步了解海水主要水体理化因子的调节方法。

二、实验材料

天然海水、养殖海水、池塘水、海水晶、10%盐酸、10%氢氧化钠。

三、实验工具

温度计、pH 试纸、pH 计、pH 快速检测试剂盒、海水盐度计、比重计、水质检测试剂盒（溶氧、氨氮、亚硝酸盐、钙镁、总碱度、总硬度）、烧杯、玻璃棒、量筒、YSI 仪器、ORP 仪器。

四、实验内容

（一）海水水质检测

海水水质检测参考中华人民共和国国家标准 GB 17378.4—2007。

海水水体理化因子是海水养殖、海洋环境检测和保护的重要指标，通过对其进行测定可及时获得海洋区域水体的实时、动态、连续的水质数据，可对海水养殖和海洋环境流域进行长期实时监测和预警预报。适用于大洋、近海、河口及咸淡水混合水域，可用于海洋环境监测、常规水质监测、近岸浅水区环境污染调查监测，以及海洋倾废、赤潮和海洋污染事故的应急专项调查监测等。

指标的测定有 37 项，包括汞、铜、铅、镉、锌、总铬、砷、硒、油类、DDT、六氯环乙烷（六六六）、活性硅酸盐、硫化物、挥发性酚、氰化物、水色、透明度、阴离子洗涤剂、嗅和味、水温、pH、悬浮物、氯化物、盐度、浑浊度、溶解氧、化学需氧量、生物需氧量、总有机碳、无机氮、氨、亚硝酸盐、硝酸盐、无机磷、总磷、总氮、镍等。双对氯苯基三氯乙烷（滴滴涕，dichlorodiphenyltrichloroethane，

DDT）

常见指标测定如下。

1. 硫化物

（1）亚甲基蓝分光光度法。本法适用于大洋、近岸、河口水体中硫化物浓度为 10 μg/L 以下的水体。

方法原理为：水样中的硫化物同盐酸反应，生成的硫化氢随氮气进入乙酸锌 – 乙酸钠混合溶液中被吸收，吸收液中的硫离子在酸性条件和三价铁离子存在下，与对氨基二甲基苯胺二盐酸盐反应，生成亚甲基蓝，可在 650 nm 波长处测定其吸光值。

（2）离子选择电极法适用于大洋近岸海水中硫化物的测定。

2. 水色 – 比色法

本法适用于大洋、近岸海水水色的测定，为仲裁法。

（1）方法原理。海水水色是指位于透明度值一半的深度处，白色透明度盘上所显现的海水颜色，水色的观测只在白天进行。观测地点应选择在背阳光处。观测时应避免船只排出污水的影响。

水色根据水色计目测确定，水色计是由蓝色、黄色、褐色 3 种溶液按一定比例配成的 22 支不同色级，分别密封在 22 支内径为 8 mm、长为 100 mm 的无色玻璃管内，置于敷有白色衬里两开的盒中。

（2）观测方法。观测透明度后，将透明度盘提到透明度值一半的水层，根据透明度盘上所呈现的海水颜色，在水色计中找出与之最相似的色级号码，并记入表中。

（3）注意事项。观测时水色计内的玻璃管应与观测者的视线垂直。水色计必须保存在阴暗干燥处，切忌日光照射，以免褪色。每次观测结束后，应将水色计擦净并装在里红外黑的布套里。使用的水色计在 6 s 内至少应与标准水色计校准 1 次，如发现褪色现象，应及时更换。作为校准用的标准水色计，平时应始终装在里红外黑的布套里，并保存在阴暗干燥处。

3. 水温

（1）表层水温表方法。本方法为仲裁方法。表层水温表用于测量海洋、湖泊、河流、水库等的表层水温度。

（2）颠倒温度表法。颠倒温度表用以测量表层以下水温。颠倒温度表分为测量海水温度的闭端颠倒温度表和测量海水深度及温度的开端颠倒温度表。

4. pH 检测（pH 计法）

本方法适用于大洋和近岸海水 pH 的测定，水样采集后，应在 6 h 内测定。如果加入 1 滴氯化汞溶液，盖好瓶盖，允许保存 2 d。水的色度、浑浊度、胶体微粒、游离氯、氧化剂、还原剂以及较高的含盐量等干扰都较小。pH 大于 9.5 时，大量的钠离子会引起很大误差，导致读数偏低。

5. 悬浮物（重量法）

本方法适用于河口、港湾和大洋水体中悬浮物质的测定。

方法原理为：一定体积的水样通过 0.45 μm 的滤膜，称量留在滤膜上的悬浮物质的重量，计算水中的悬浮物质浓度（图 4-1 和图 4-2）。

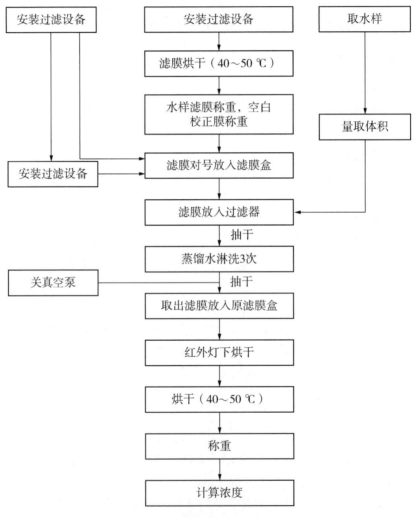

图 4-1 悬浮物测定操作流程

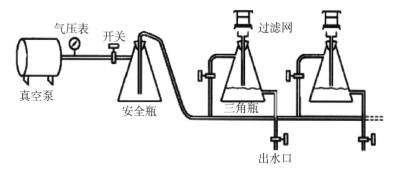

图 4-2 抽滤系统

6. 盐度

盐度计法应用于在陆地或船上实验室中测量海水样品的盐度（图 4-3）。

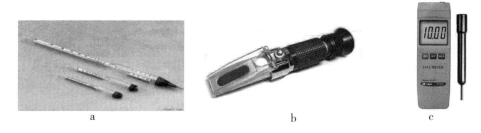

a：比重计；b：光学盐度计；c：电导率盐度计

图 4-3 几种盐度计

7. 浑浊度

（1）浊度计法。本方法适用于近海海域和大洋水浊度的测定。本法规定 1 L 纯水中含高岭土 1 mg 的浊度为 1°。水样中具有迅速下沉的碎屑及粗大沉淀物都可被测定为浊度。

方法原理为：以一定光束照射水样，通过比较其透射光的强度与无浊纯水透射光的强度而定值。

（2）目视比浊法。本方法适用于近海海域和大洋水浊度的测定。本法规定 1 L 纯水中含高岭土 1 mg 的浊度为 1°。水样中具有迅速下沉的碎屑及粗大沉淀物都可被测定为浊度。

方法原理为：浊度与透视度成反比关系，水样与标准系列进行透视度比测，定值。

（3）分光光度法。本方法适用于近海海域和大洋水浊度的测定。水样中具有迅速下沉的碎屑及粗大沉淀物都可被测定为浊度。

方法原理为：投射水样的光束，可被悬浊颗粒散射和吸收而削减，光的消减量与浊度呈正相关。测定透过水样光量的消减量，与标准系列相比较而定值。

8. 溶解氧－碘量法

本方法适用于大洋和近岸海水及河水、河口水溶解氧的测定。

方法原理为：水样中溶解氧与氧化锰和氢氧化钠发生反应，产生高价锰棕色沉淀。加酸溶解后，在碘离子存在的条件下即释出溶解氧含量相当的游离碘。然后，用碘代硫酸钠标准溶液滴定游离碘，换算溶解氧含量。

9. 化学需氧量－碱性高锰酸钾法

本方法适用于大洋和近岸海水及河口水化学需氧量（biochemical oxygen demand, BOD）的测定。

方法原理为：在碱性加热条件下，用已知量并且是过量的高锰酸钾，氧化海水中的需氧物质，然后在硫酸酸性条件下，用碘化钾还原过量的高锰酸钾和二氧化锰，所生成的游离碘用硫代硫酸钠标准溶液滴定。

10. 生物需氧量

（1）五日培养法。本法适用于海水的生化需氧量的测定。

方法原理为：水体中有机物在微生物降解的生物化学过程中，消耗水中溶解氧。用碘量法测定培养前后溶解氧含量之差，即为生化需氧量，以氧的含量（mg/L）计。培养 5 d 即为五日生化需氧量（biochemical oxygen demand 5，BOD_5）。水中有机质越多，生物降解需氧量也越多，一般水中溶解氧的含量的有限。因此，须用氧饱和的蒸馏水稀释。为提高测定的准确度，培养后减少的溶解氧要求占培养前溶解氧的 40%～70% 为宜。

（2）两日培养法。除培养温度和培养时间不同外，其他均与 BOD_5 相同。

培养温度：30 ℃ ±0.5 ℃；培养时间：2 d。计算：

$$BOD_2^{30} \times K = BOD_5^{20} \qquad (4-1)$$

式中：

BOD_2^{30}——在 30 ℃时，两日生化需氧量。

BOD_5^{20}——在 20 ℃时，五日生化需氧量。

K——根据各海域具体情况由实验确定的系数，建议用数值 1.17。

11. 总有机碳

（1）总有机碳仪器法。本方法适用于海水中总有机碳（total organic carbon, TOC）的测定。

方法原理为：一部分的海水样品经进样器自动进入总碳（total carbon, TC）燃烧管（装有铂金触媒，温度为 680 ℃）中，通入高纯空气将样品中含碳有机物氧化为 CO_2 后，由非色散红外检测器定量。然后，取另一部分的海水样品，将其自动注入无机碳（inorganic carbon, IC）反应器（装有 25% 磷酸溶液）中，于常温下酸化无机碳酸盐而产生 CO_2，由非色散红外检测器检定出 TC 含量，由 TC 减去 IC 即得 TOC 含量。

（2）过硫酸钾氧化法。本方法适用于河口、近岸以及大海洋水中溶解有机碳的测定。

方法原理为：海水样品经酸化通氮气除去无机碳后，用过硫酸钾将有机碳氧化生成二氧化碳气体，用非色散红外二氧化碳气体分析仪测定。

12. 氨氮

无机氮的化合物种类很多，本实验所指的无机氮仅包括氨氮、亚硝酸盐氮、硝酸盐氮的总和。检测氨氮的方法如下。

（1）靛酚蓝分光光度法。本方法适用于大洋和近岸海水及河口水。

方法原理为：在弱碱性介质中，以硝酸酰铁氰化钠为催化剂，氨与苯酚和次氯酸反应生成靛酚蓝，在 640 nm 处测定吸光值。

（2）次氯酸盐氧化法。本方法适用于大洋和近岸海水及河口水中氨氮的测定。本方法不适用于污染较重，含有机物较多的养殖水体。

方法原理为：在碱性介质中次氯酸盐将氨氧化为亚硝酸盐，然后以重氮－偶氮分光光度法测亚硝酸盐氮的总量，扣除原有亚硝酸盐氮的浓度，得到氨氮的浓度。

13. 亚硝酸盐（萘乙二胺分光光度法）

本方法适用于海水及河口水中亚硝酸盐氮的测定。

方法原理为：在酸性介质中，亚硝酸盐与磺胺进行重氮化反应，其产物再与盐酸萘乙二胺偶合生产红色偶氮燃料。于 543 nm 波长处测定吸光值。

14. 硝酸盐（镉柱还原法）

本方法适用于大洋和近岸海水、河口水中硝酸盐氮的测定。

方法原理为：水样通过镉还原柱，将硝酸盐定量地还原为亚硝酸盐。按重氮－偶氮光度法测定亚硝酸盐氮的总量，扣除原有亚硝酸盐氮，得到硝酸盐氮的含量。

15. 无机磷（磷酸蓝分光光度法）

本方法适用于海水中活性磷酸盐的测定。

方法原理为：在酸性介质中，火星磷酸盐与钼酸铵反应生产磷钼黄。用抗坏血酸还原为磷钼蓝后，于 882 nm 波长处测定吸光值。

五、实验步骤

1. 水温的测定

利用温度计分别测定天然海水、养殖海水、池塘水3种水样的温度,并详细记录。

2. pH 测定

(1) pH 试纸检测。用 pH 试纸分别检测 3 种水样的 pH,并详细记录。

(2) pH 快速检测试剂盒。认真阅读试剂盒说明,严格按照说明书的要求和规定进行操作,分别测定 3 种水样的 pH,并详细记录。

(3) PHS-3C 型精密 pH 计检测。认真听教师讲授 pH 计的使用方法,按照教师的要求,一步一步地操作,分别测定 3 种水样的 pH,并详细记录。

附:PHS-3C 型精密 pH 计操作步骤

1. 开机前准备

(1) 取下复合电极套。

(2) 用蒸馏水清洗电极,用滤纸洗干。

2. 开机

按下电源开关,预热 30 min。

3. 标定

(1) 拔下电路插头,接上复合电极。

(2) 把选择开关旋钮调到 pH 挡。

(3) 调节温度补偿旋钮白线对准溶液温度值。

(4) 将斜率调节旋钮以顺时针方向旋到底。

(5) 把清洗过的电极插入缓冲溶液中(pH 为 6.86)。

(6) 调节定位调节旋钮,使仪器读数与该缓冲溶液当时温度下的 pH 一致(pH 为 6.86)。

4. 测定溶液 pH

(1) 先用蒸馏水清洗电极,再用被测溶液清洗 1 次。

(2) 把电极浸入被测溶液中,用玻璃棒搅拌溶液,使溶液均匀,读出溶液的 pH。

5. 结束

(1) 用蒸馏水清洗电极,用滤纸吸干。

(2) 套上复合电极套,套内应放少许补充液。

(3) 拔下复合电极,接上短路插头。

(4) 关机。

注意:经标定后,定位调节旋钮和斜率调节旋钮不应有变动。

6. 比较检测结果

比较用 pH 试纸检测、pH 快速检测试剂盒、PHS-3C 型精密 pH 计分别检测 3 种不同水体的结果。

3. 盐度的测定

（1）盐度计检测。教师示范盐度计的使用方法和操作，学生轮流操作，分别测定 3 种水样的盐度，并详细记录。

（2）比重计检测。按照教师的讲授，正确使用比重计，分别测定和换算 3 种水样的盐度，并详细记录。

海水比重与盐度的关系可用下列经验公式换算：

测定时水温（t）高于 17.5 ℃时：

$$S(‰) = 1.305(比重 - 1) + 0.3(t - 17.5) \quad (4-2)$$

测定时水温（t）低于 17.5 ℃时：

$$S(‰) = 1.305(比重 - 1) - 0.2(17.5 - t) \quad (4-3)$$

波美比重计读数与盐度换算式为：

$$S(L) = 144.3 ÷ (144.3 - 波美读数) \quad (4-4)$$

附：手持折射仪操作说明

手持式折射仪根据不同浓度的液体具有不同的折射率这一原理设计而成，是一种用于测量液体浓度的精密光学仪器，具有操作简单、携带方便、使用便捷、测量液少、准确迅速等特点，是科学研究、机械加工、化工检测、食品加工及海水养殖的必备仪器。

1. 产品结构

产品结构包括：①折光棱镜；②盖板；③校准螺栓；④光学系统管路；⑤目镜（视度调节环）。

2. 使用步骤

（1）将折光棱镜对准光亮方向，调节目镜视度环，直到标线清晰为止。

（2）调整基准。测定前首先使用标准液（有零刻度的为纯净水。量程起点不是零刻度的，应使用对应的标准液），仪器及待测液体基于同一温度。掀开盖板，取 2~3 滴标准液滴于折光棱镜上，并用手轻轻压平盖板，通过目镜可见 1 条蓝白分界线。旋转校准螺栓，使目镜视场中的蓝白分界线与基准线重合（0%）。

（3）测量。用柔软绒布擦净棱镜表面及盖板。掀开盖板，取 2~3 滴被测溶液滴于折光棱镜上。盖上盖板，轻轻压平，里面不要有气泡。通过目镜读取蓝白分界线的相对刻度，该相对刻度即为被测液体的含量。

（4）测量完毕后，直接用潮湿绒布擦干净棱镜表面及盖板上的附着物。待干燥后，妥善保存起来。

海水比重与盐度换算表见表 4-1。

表 4-1　海水比重与盐度换算

比重	盐度/‰	比重	盐度/‰	比重	盐度/‰
1.001 5	2.00	1.014 1	18.44	1.023 9	31.26
1.001 6	2.03	1.015 2	19.89	1.024 4	31.98
1.002 0	2.56	1.016 0	20.97	1.025 0	32.74
1.003 0	3.87	1.017 1	22.41	1.025 4	33.26
1.004 0	5.17	1.018 2	23.86	1.026 0	34.04
1.005 0	6.49	1.018 5	24.22	1.026 5	34.70
1.006 0	7.79	1.019 5	25.48	1.027 1	35.35
1.007 0	9.11	1.020 0	26.20	1.028 0	36.65
1.008 1	10.42	1.021 1	27.65	1.028 5	37.30
1.009 0	11.73	1.021 5	28.19	1.029 0	37.95
1.010 0	12.85	1.022 2	29.09	1.029 5	38.60
1.011 5	15.01	1.022 9	29.97	1.030 5	39.90
1.013 0	17.00	1.023 5	30.72	1.031 5	41.20

4．水质检测试剂盒检测

按照试剂盒说明书检测各水样的氨氮、亚硝酸盐、溶氧、钙镁、总碱度、总硬度等指标。

5．YSI 仪器检测水质

YSI 仪器见图 4-4。

图 4-4　YSI 水质检测仪

引自：FORESTRY SUPPL IERS. Images ［EB/OL］. http：//www.forestry-suppliers.com/Images/Original/4443_76773_ v1.jpg，2018-4-24.

6. 全自动元素间断化学分析仪 CleverChem380

全自动元素间断化学分析仪 CleverChem380 见图 4-5。

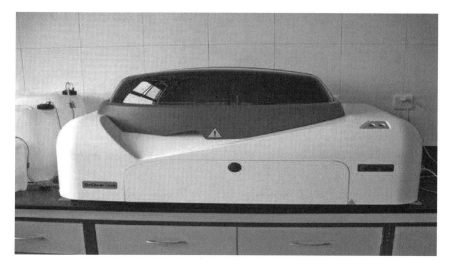

图 4-5　CleverChem380

六、注意事项

认真听老师讲授，严格按照实验操作进行，爱护仪器设备；注意安全，防止污染；独立操作，注意分工合作；不要大声喧哗，保持教室安静。

七、作业

（1）简述海水主要水体理化因子的检测指标和主要方法。
（2）列表分别记录 3 种水样的温度、pH 和盐度，并进行分析。
（3）比较 3 种 pH 检测方法和结果。

实验五　海洋病原微生物分离培养和鉴定

一、实验目的

（1）观察海洋生物病原微生物的特征。
（2）分离和培养海洋病原微生物。
（3）鉴定海洋病原微生物。

二、实验材料

1. 实验样品

病鱼、病虾。

2. 实验用具

显微镜、放大镜、载玻片、盖玻片、蒸馏水、滴管、剪刀、镊子、手术刀片、接种环、酒精灯、纱布、70%乙醇溶液、小烧杯、解剖盘、已倒普通培养基的平板、革兰氏染色液（结晶紫染色液、革兰氏碘液、乙醇溶液、沙黄复染液）。

3. 实验分组

每2人为1组。

三、实验内容

（一）海洋生物病原微生物检测技术

海洋生物病原微生物检测方法和技术包括微生物学检测方法（如选择性分离培养基检测、常规生理生化鉴定、仪器鉴定系统）、组织学检测方法、免疫学检测技术（如荧光抗体技术、ELISA技术、单克隆抗体技术、胶体金技术）、分子生物学检测技术（如PCR技术、核酸杂交技术、16S rRNA检测技术、PCR-SSCP技术、DNA指纹技术）、分子生物学与免疫学相结合的方法（如免疫PCR法、PCR-ELISA法）、生物传感器技术、生物芯片技术、蛋白质指纹图谱技术等。

1. 微生物学检测方法

（1）细菌性疾病诊断。进行镜检（应用放大镜、显微镜和电镜），查找病原微生物及宿主的病理变化。

细菌性疾病的诊断过程为：病原微生物分离 → 纯化培养（图5-1）→ 人工感染 → 种类鉴定。

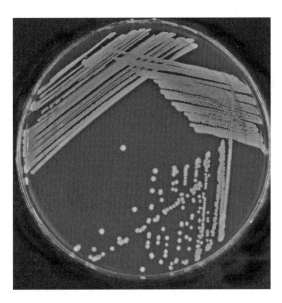

图5-1 金黄色葡萄球菌的纯化培养

引自：Upei University of Prince Edward Island VPM 2010 Bacteriology & Mycology［EB/OL］. http：//people. upei. ca/jlewis/staph. jpg，2018-4-13.

A. 病原微生物的分离。准确从病灶部位取材，无菌操作。

B. 纯化培养。应用单菌落纯化培养方法。

C. 人工感染。实验包括注射感染、浸泡感染和口服感染。要求感染材料健康且无患病史。感染结果出现后，分离表现出相同症状的同样菌种。

D. 种类鉴定。根据细菌及菌落形态、生理生化指标，应用细菌自动鉴定仪进行种类鉴定。

生化方法检测病原微生物实际上是测定微生物的特异性酶。由于各种微生物所具有的酶系统不完全相同，对许多物质的分解能力也不一致。因此，可利用不同底物产生的不同代谢产物来间接检测该微生物内酶的有无，从而达到检测特定微生物的目的。

对微生物直接进行快速检测的分离培养基特点是将分离与鉴定合二为一，从而能缩短对病原体检测的时间，国外已普遍应用。其原理为：在分离培养基中加入检测某些菌种的特异性酶的底物，该底物为人工合成，由产色基团和微生物可代谢物质组成,通常为无色,但在特异性酶作用下游离出产色基团并产生荧光或显示一定颜色,用紫外灯观察菌落产生的荧光或直接观察菌落颜色即可对菌种做出鉴定。

仪器鉴定系统有:自动微生物鉴定系统(如 VITEK – AMS60)、半自动微生物鉴定系统(如 ATB、AIP)(图 5 – 2)。

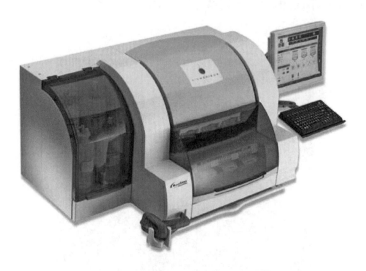

图 5 – 2 半自动微生物鉴定系统

引自:ilexmedical [EB/OL]. http://cn.bing.com/images/search? view = detailV2&ccid = h8hZueXJ&id = 95DEE4AA383782493AEBA8FAF9D27F2F9B0F384B&thid = OIP.h8hZueXJyJmoMxOgif07MwHaE7&mediaurl = http%3a%2f%2fwww.ilexmedical.com%2ffiles%2fproducts%2fbig%2f1435738021B21Dy.jpg&exph = 1967&expw = 2953&q = VITEK-AMS60&simid = 608012718236565986&selectedIndex = 2&qft = + filterui% 3aimagesize-wallpaper&ajaxhist = 0,2018 – 4 – 13.

(2)病毒性疾病诊断。病毒的特点为:①病毒极其微小(直径约为 100 nm),通过细菌滤器、借助电子显微镜才能看到;②病毒无细胞结构,只有蛋白质和核酸;③病毒为细胞内寄生,离开细胞以无生命的大分子状态存在。

病毒的检测方法如下。

A. 组织学检测,只适用于检测具有包涵体的病毒种类。包涵体指病毒感染的细胞内出现的光学显微镜下可见的大小、形态和数量不等的小体。

B. 电镜检查。

C. 应用试剂盒等进行快速诊断,如应用 PCR 法、DNA 探针法、酶标抗体法等进行快速诊断。

应用生化方法检测病原微生物,实际上是测定微生物特异性酶。由于各种微生物所具有的酶系不完全相同,对许多物质的分解能力也不一致,因此,可利用不同底物产生的不同代谢产物来间接检测该微生物内酶的有无,从而达到检测特定微生物的目的。

对微生物直接进行快速检测的分离培养基,特点是将分离与鉴定合二为一,从而能缩短对病原体检测的时间，国外已普遍应用。其原理为：在分离培养基中加入检测某些菌种的特异性酶的底物，该底物为人工合成，由产色基团和微生物可代谢物质组成，通常为无色，但在特异性酶作用下游离出产色基团并产生荧光或显示一定颜色，用紫外灯观察菌落产生的荧光或直接观察菌落颜色即可对菌种做出鉴定。

仪器鉴定系统主要有自动微生物鉴定系统 VITEK-AMS60、半自动微生物鉴定系统（ATB、AIP）等。

2. 组织学检测方法

（1）常规苏木精－伊红（hematoxylin-eosin，HE）染色法。常规 HE 染色的过程为：取材→固定→脱水→透明→包埋→切片→裱片→烘干→脱蜡→染色→脱水→透明→封片。

（2）吉姆萨（Giemsa）染色法。应用 Giemsa 染色法可染原生动物、病毒包涵体、细菌等。

（3）富尔根（Feulgen）染色法。应用 Feulgen 染色法可专一染 DNA，以区分 DNA 病毒和 RNA 病毒。

（4）台盼蓝－曙红（trypan blue-eosin，T-E）染色。T-E 染色的过程为：取材→染色→加盖玻片→观察包涵体。

（5）瑞特－吉姆萨（Wright-Giemsa）染色法。应用 Wright-Giemsa 染色法可检查血液细胞内的病毒包涵体。

（6）孔雀绿染色法。孔雀绿染色法用于检查粪便中感染草虾的对虾杆状病毒病（baculovirus penaei）的包涵体。

3. 免疫学检测技术

免疫学技术是利用特异性抗原抗体反应，观察和研究组织细胞、特定抗原（抗体）的定性和定量技术。

为了显示和观察这种抗原抗体反应，需要预先将某种标记物结合到抗体上，借标记物的荧光或酶的有色反应、放射性或高电子密度，在光镜或电镜下进行定性、定位或定量研究。各种形式的免疫分析方法如放射免疫分析（radioimmunoassay，RIA）、酶免疫分析（enzyme immunoassay，EIA）、ELISA、荧光免疫分析（fluoroimmunoassay，FIA）、生物发光免疫分析（biomolecular interaction analysis，BIA）、化学发光免疫分析（chemiluminescence immunoassay，CIA）等，直接检测微生物或通过间接检测微生物的成分及微生物代谢产物（如毒素）来检出微生物。

在水产养殖方面，可用这种技术作为检测鱼虾类病原体的手段。免疫诊断技术具有高特异性、高灵敏性等特点，该技术将抗原、抗体的免疫反应相结合，缩短了水产养殖过程中疾病的诊断时间，提高了诊断的准确性。

（1）荧光抗体技术。荧光抗体技术是根据抗原抗体反应具有的高度特异性，把荧光素作为抗原标记物，在荧光显微镜下检测呈现荧光的特异性抗原复合物及其存在部位。因此，荧光抗体免疫技术是将免疫化学和血清学的高度特异性和敏感性与显微镜技术的精确性相结合，在水产养殖病原的检测上得到了一定的应用。荧光抗体技术的主要特点是特异性强、速度快、灵敏度高，但也存在许多的缺点，如非特异染色问题难以完全解决、操作程序较烦琐、需要特殊的昂贵仪器（荧光显微镜）和染色标本不能长期保存等。

（2）酶免疫技术。酶免疫技术是根据抗原－抗体的免疫反应与酶的高效催化作用原理有机结合，通过酶催化底物进而发生一系列的化学反应，使溶液呈现出颜色反应，从而显示抗原抗体特异性反应的存在。酶免疫技术始于1971年Engvall和Perlman用碱性磷酸酶标记IgG来定量测定IgG，其特点是敏感性高、特异性强、快速，且结果可定量，对抗原、抗体以及原抗体复合物可以定位，因此，该技术发展迅速。酶免疫技术的方法很多，按是否将抗原或抗体结合到固相载体上，可分为固相、均相和双抗体酶免疫检测技术，其中以 ELISA 技术应用最为广泛。

（3）ELISA技术。ELISA是以免疫学反应为基础，将抗原、抗体的特异性反应与酶对底物的高效催化作用相结合的一种敏感性很高的试验技术。由于抗原、抗体的反应在一种固相载体——聚苯乙烯微量滴定板的孔中进行，每加入一种试剂孵育后，可通过洗涤除去多余的游离反应物，从而保证试验结果的特异性与稳定性。在实际应用中，通过不同的设计，具体的方法步骤可有多种，例如，用于检测抗体的间接法、用于检测抗原的双抗体夹心法以及用于检测小分子抗原或半抗原的抗原竞争法等。比较常用的是ELISA双抗体夹心法及ELISA间接法。其过程为：包被→加样→加酶标抗体→加底物液显色→终止反应→结果判断。

（4）单克隆抗体技术。单克隆抗体（monoclonal antibody，McAb）是1个抗体细胞与1个骨髓细胞融合而产生的杂交细胞，为无性繁殖所产生，具有特异性强、亲和性一致、能识别单一抗原决定簇等特点。1975年，Kohler和Milstein成功地利用小鼠的免疫脾细胞与小鼠的骨髓瘤细胞相融合而产生出单克隆抗体后，对抗体（尤其是细胞表面抗体）的特异性诊断及对微生物的鉴别等方面的技术发展迅速。单克隆抗体在水产养殖动物疾病诊断和检测中，可以结合其他免疫技术，如RIA、ELISA、间接荧光抗体技术（indirect fluorescence antibody technique，IFA）等，对疾病做到准确、迅速的检测。

（5）胶体金技术。免疫胶体金技术是以胶体金作为示踪标志物应用于抗原抗体的一种新型的免疫标记技术。胶体金是由氯金酸（$HAuCl_4$）在还原剂如白磷、抗坏血酸、枸橼酸钠、鞣酸等作用下，聚合成为特定大小的金颗粒，并由于静电作用而形成一种稳定的胶体状态，称为胶体金。胶体金在弱碱环境下带负电荷，可与蛋白质分子的正电荷基团形成牢固的结合。由于这种结合是静电结合，所以不影响蛋白质的生物特性。胶体金除了与蛋白质结合以外，还可以与许多其他生物大分子结合，如SPA、PHA、ConA等。由于胶体金具备一些特殊的物理性状，如高电子密度、颗粒大小、形状及颜色反应，加上结合物的免疫和生物学特性，这使得胶体金广泛地应用于免疫学、组织学、病理学和细胞生物学等领域。

4. 分子生物学检测技术

分子生物学及分子遗传学的发展，使人们对微生物的认识逐渐从外部结构特征转向内部基因结构特征，微生物的检测也相应地从生化、免疫检测方法转向基因水平的检测。

开始应用于微生物检测的分子生物学技术是基因探针方法，它是一种用带有同位素标记或非同位素标记的 DNA 或 RNA 片段来检测标本中某一特定微生物的核苷酸顺序或基因顺序的方法。由于不同的微生物具有各自特定的基因序列，这种微生物的遗传特异性决定了用基因探针检测微生物的先进性。特别是非同位素标记的方法，克服了同位素标记的不稳定性和放射危害性，使这一快速、特异的检测技术在基层得以推广应用。但由于一般标本中微生物的含量较少，不能直接应用于探针检测，故现在多被 PCR 方法取代或补充。

（1）核酸诊断技术。核酸诊断技术是以病原微生物的核酸为研究对象，通过鉴定其核酸分子以确诊。近年来，运用核酸技术对环境中病原微生物进行检测的发展非常迅速，尤其是 DNA 分离技术的提高、PCR 技术的日益完善、各种探针标记方法的发展，使核酸检测技术检测各种病原微生物更为方便、安全、快捷。

（2）核酸杂交技术。随着分子生物技术的发展，疾病诊断技术已经进入基因组诊断的分子生物水平。分子杂交（molecular hybridization）的技术原理是一条 DNA 单链或 RNA 单链与另一条被测 DNA 单链形成双链，以测定某一特定序列是否存在。这种方法不仅已成为遗传学和分子生物学等基础学科的重要研究方法，还已应用于水产动物疾病的病原鉴定，并取得了满意的效果，显示了光明的前景。

分子杂交的种类很多，有原位杂交、打点杂交、斑点杂交、Southern 杂交、Northern 杂交等。它们共同的特点是：都是应用复性动力学原理，都必须有探针的存在。探针是指特定的具有高度特异性的已知核酸片段，它能与其互补的核酸序列进行退火杂交。因此，被标记的核酸探针可用于待测核酸样品中待定基因序列的检测。核酸分子探针又可根据它们的来源和性质分为 DNA 探针、cDNA 探针、RNA 探针及人工合成的寡聚核苷酸探针等，其诊断的原理是通过标记的病原体核酸片段制备的探针与病原体的核酸片段杂交，观察是否产生特异的杂交信号。

核酸探针技术具有特异性好、敏感性高、诊断速度快、操作较为简便等特点，分子检测法对流行暴发病的诊断并制订及时的方案具有极高的应用价值。

杂交方法是一种分子生物学的标准技术，用于检测 DNA 或 RNA 分子的特定序列（靶序列）。将 DNA 或 RNA 转移并固定到硝酸纤维素或尼龙膜上，与其互补的单链 DNA 或 RNA 探针用放射性或非放射性的物质进行标记。在膜上杂交时，探针通过氢键与其互补的靶序列结合。洗去未结合的游离探针后，经放射自显影或显色反应检测特异结合的探针。

A. 原位杂交。在保持细胞形态条件下，进行细胞内杂交、显影或显色。可用于 DNA 或 RNA 分析。荧光原位杂交（fluorescence in situ hybridization，FISH）进行染色体 DNA 分析可用于生物学研究的许多领域，以及临床细胞遗传学研究。其主要优点是不仅可以在细胞分裂的中期，而且可在分裂间期诊断染色体的变化。

B. PCR 技术。PCR 技术又称 DNA 体外扩增技术（图 5-3）。它是一门新的技术，通过 3 个温度依赖性步骤进行循环：DNA 变性、引物-模板退火和热稳定性 DNA 聚合酶合成 DNA。①变性。模板 DNA 在 95 ℃左右的条件下变性，形成单链 DNA，游离于溶液中。②退火。引物多于模板 DNA 的情况下，在突然降温中与对应模板 DNA 链进行局部互补而形成杂交链。③延伸。在 DNA 聚合酶、若干脱氧核糖核苷酸和 Mg^{2+} 存在下，5′端向 3′端延伸新链可以作为下一轮循环的模板。理论上，PCR 扩增倍数以 2n 为循环次数，在 1～2 h 将目的片段扩增到 10^6 倍。20 世纪 90 年代始，国外相继使用 PCR 技术来诊断多种疾病。其原理是通过设计引物，所得的产物通过电泳检测后，根据能否扩增出特异条带来判断。

该技术与传统诊断方法相比，具有灵敏度高、特异性强、反应快、操作简便、省时等优点，现已应用于水生动物疾病的诊断中，并已显示出巨大的潜力及广阔的前景。

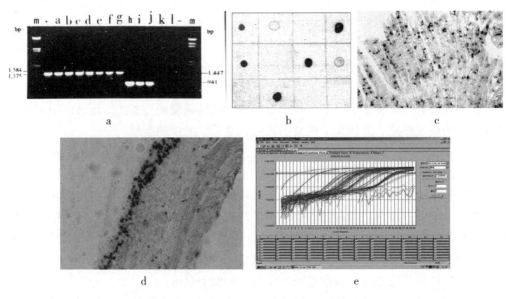

a：PCR 一步法和二步法检测技术；b：核酸探针斑点杂交检测技术；
c：核酸探针原位杂交检测技术；d：原位 PCR 检测技术；e：定量 PCR 检测技术

图 5-3　PCR 技术

C. 16S rRNA 检测技术。rRNA 为所有生物体生存所必需的基因序列，而且也是较保守的序列之一。16S rRNA 的序列检测已被成功地建立为一种鉴定微生物种、属、家族种类的标准方法。同时，由于种间 16～23S rRNA 之间的间隔区在长度、序列上具有相对多变性，利用 16S 及 23S rRNA 基因中的保守区为引物，对此间隔区进行克隆和分析，就能为病原微生物各种菌株、种、属的鉴定和分型提供依据。目前，16S rRNA 检测技术在人医及兽医开始得到广泛应用，在水产病害方面也开始应用，并将快速发展。

D. PCR – SSCP 技术。聚合酶链式反应 – 单链构象多态（polymerase chain reaction-single strand conformation polymorphism，PCR-SSCP）技术是在 PCR 技术基础上发展起来的，它是一种简单、快速、经济的用来显示在 PCR 反应产物中单碱基突变（点突变）的手段。该方法已被应用于癌基因和抑癌基因突变的筛查检测，遗传病的致病基因分析和基因诊断，基因制图等领域。在 SSCP 测定中，双链 DNA（double stranded，dsDNA）变性成为单链 DNA（single stranded，ssDNA），每一条单链 DNA 都基于它们的内部序列而呈现一种独有的折叠构象，即使同样长度的 DNA 单链也会因其碱基顺序不同，甚至单个碱基的不同而形成不同的构象。这些单链 DNA 在非变性条件下，用非变性聚丙烯酰胺凝胶电泳进行分离，单链 DNA 的迁移率和带型都取决于其折叠构象和电泳时的温度。

E. DNA 指纹技术。所谓 DNA 指纹是指限制性酶消化产物在电泳图谱或 Southern 杂交中产生的一系列带纹，不同带纹代表了在染色体不同位置上的不同长度的 DNA 序列。目前，在病原微生物检测上应用的 DNA 指纹技术主要包括限制临内切酶片段长度多态性（restriction fragment length polymorphism，RFLP）、扩增片段长度多态性（amplified fragment length polymorphism，AFLP）和随机扩增多态性 DNA 标记（random amplified polymorphic DNA，RAPD）等技术。

RFLP 技术是指用某一种限制性内切酶切割来自不同个体的基因组的 DNA 或某一个基因，以得到不同长度的 DNA 片段。RFLP 技术在基因组分析上有很大的应用价值，可作为一种广泛的遗传标记，特别适合应用于做遗传分析、构建遗传连锁图，在病原微生物的区分种群、分型中应用较广。

AFLP 技术是用特定的限制性内切酶消化基因组 DNA，将产生的限制性片断与特异设计的接头连接。其以专一设计的引物进行 PCR 反应，经电泳染色，即可呈现片断长度的多态性。与 RFLP 技术相比，用 PCR 反应检测 DNA 的多态性有一些明显优点：需要的基因组 DNA 量少，对制备 DNA 的纯度要求不高，操作的程序简单，分析的周期大大减少。AFLP 技术继承了 RFLP 技术的可靠性和 PCR 的优势，可以提供较丰富的信息，有较好的发展前途，在水产养殖病害微生物的检测上已开始应用。

RAPD 技术即随机扩增多态性 DNA 技术。它利用一系列随机排列碱基顺序的引物（通常为十聚体），对所研究的目的 DNA 进行 PCR 扩增，通过电泳分离、染色或放射自显影来检测扩增产物的多态性，得到模板 DNA 核酸序列的多态性。RAPD 技术无须事先了解所研究的目的 DNA 序列，也不需要制作特异的探针进行杂交检测，减少了多态性分析的预备性工作。目前，它主要应用于微生物种属特异性鉴定、分型、遗传关系的确定、基因图谱的构建及基因定位和分离等方面，在水产病原微生物的鉴定分类上已有许多成功的例子。

5. 分子生物学与免疫学相结合的方法

目前，报道的分子生物学与免疫学相结合的方法主要有免疫 PCR 法和 PCR – ELISA 法。免疫 PCR 法由 Sano 等在 1992 年首创，其关键在于用一个连接分子将一段特定的 DNA 序列作为标记连接到抗体上，通过普通 ELISA 的抗原抗体反应，在抗原和 DNA 分子之间建立相对应关系，将对蛋白质的检测转化为对核酸的检测，从而可以运用 PCR 的高度敏感性来放大抗原抗体反应的特异性，由 PCR 反应产物的量反映抗原分子的量。

而 PCR – ELISA 法是引入地高辛（或生物素）标记的 dNTP 以进行 PCR 扩增，利用酶标抗地高辛抗体（或酶标记亲和素）进行 ELISA 检测，代替用于常规 PCR 产物检测的电泳方法。该方法方便快捷，易于处理大量样品，且其灵敏度比使用琼脂糖凝胶电泳检测方法高 100 倍。PCR – ELISA 法是一种快速、精确、可定量的检测感染抗原的方法。

6. 生物传感器技术

生物传感器技术是将新兴的传感器技术和分子诊断技术相结合而成的一种新技术，是现代临床诊断发展的一个新方向。生物传感器包含两部分，即分子识别器件和换能器。在待测物、识别器件以及转换器件之间由一些生物、化学、生化作用或物理作用过程彼此联系。由于生物传感器具有检测准确、操作简便等特点，近年来其在许多领域取得了很大的进展，在生物分子相互作用、药物筛选、临床诊断、食物检测等领域获得了广泛的应用。其中，临床中用于病原体检测的以 DNA 生物传感器最为常见。

尽管近年来生物传感器作为一种新的传感元件得到了很大的发展，许多光化学、电化学以及压电晶体都相继在生物传感器中得到应用，与常规的核酸和蛋白质检测相比，它具有检测准确、操作简单等特点，但存在灵敏度不够、容易受杂质干扰等缺点。随着研究的进一步深化和技术方法的改进，这些问题将会得到解决。

7. 生物芯片技术

生物芯片技术（microarray）是指通过微电子光刻技术或机械手臂点样技术在平方厘米量级的固相载体表面构建成千上万个不同探针分子微点阵的微型生物化学分析系统，以实现对细胞、核酸、蛋白质、糖类及其他生物组分准确、快速和大信息量的检测。

8. 蛋白质指纹图谱技术

蛋白质指纹图谱技术是随着蛋白质组学兴起的一种新技术，用于各种疾病特异性蛋白指纹的识别和判断，可以直接检测不经处理的尿液、血液或细胞裂解液等。人体血清中有成千上万个蛋白，一旦人发生了某种疾病，蛋白质成分就必然会起变化。有专家称蛋白质指纹图谱技术标志着一种划时代的诊断模式的诞生。

（二）海洋细菌的分类与鉴定技术

细菌分类学（或系统细菌学）由瑞典植物学家 C. von Linné（1707—1778 年）提出，主要包括系统发生、分类、命名及细菌种群的鉴定等方面。随着技术的进步，细菌分类学已从形态学观察、表型特征分类阶段发展到结合遗传型、基因特征的分类阶段，即多相分类学（polyphasic taxonomy），目的是使分类的结果更加趋近于种群的自然状态，更能如实反映细菌间的自然种群关系、遗传关系及系统发生关系。

细菌分类最基本的分类单元是种，属于同种的细菌应具备的基本条件是：相互之间，特别是与该种的标准菌株之间的 DNA-DNA 杂交，在严谨型杂交条件下，杂交百分率为 70% 及以上。依赖于表型特征的快速分类检测方法有 API 系统、BIOLOG 系统、MIDI 系统等方法。

海洋细菌主要生理生化特征的检测方法包括温度试验、耐盐试验、O/129 敏感性试验、氧化酶试验、过氧化氢酶试验、H_2S 试验、柠檬酸盐试验、硝酸盐还原试验、V-P 试验、甲基红试验、吲哚试验、精氨酸双水解酶试验、精氨酸/赖氨酸/鸟氨酸脱羧酶试验、苯丙氨酸脱氨酶试验、O-F 试验、葡萄糖产气试验、糖发酵产酸试验、唯一碳源试验、酶类试验。

数值分类学（numerical taxonomy）通常应用在细菌鉴定中。数值分类学即借助数值方法，根据其性状状态将分类单位归类成阶元（taxa）。

（三）海洋微生物介绍

1. 海洋中的微生物 – 海洋细菌

海洋细菌是生活在海洋中的、不含叶绿素和藻蓝素的原核单细胞生物，它们是海洋微生物中分布最广、数量最大的一类生物，个体直径常小于 1 μm，呈球状、杆状、螺旋状和分枝丝状。无核膜和核仁，DNA 不形成染色体。无细胞器，不能进行有丝分裂，以二等分裂为主，具有坚韧的细胞壁，通常以鞭毛进行运动。严格地说，海洋细菌是指那些只能在海洋中生长与繁殖的细菌。

海洋细菌在海洋中分布广、数量多，是海洋微生物中最重要的成员。其数量分布特点是，近海区的细菌密度较远洋区大，尤以内湾和河口区最大。每毫升近岸海水中一般可分离出 $10^2 \sim 10^3$ 个细菌菌落，有时超过 10^5 个；而在每毫升深海海水中，有时却分离不出一个细菌菌落。

表层海水和水底泥界面处的细菌密度较深层水大，底泥中的细菌密度一般较海水中大，泥土底质中的细菌密度一般高于沙土底质。在每克底泥中细菌数量为 $10^2 \sim 10^5$ 个，高的可达到 10^6 个以上。在海洋调查中，有时发现某水层中的细菌数量剧增，出现不均匀的微分布现象。这种现象主要是由于海水中可供细菌利用的有机物质分布不均匀所引起。一般在赤潮之后常伴随着细菌数量的剧增。

海洋中有自养和异养、光能和化能、好氧和厌氧、寄生和腐生以及浮游和附着等类型的细菌。几乎所有已知生理类群的细菌，都可在海洋环境中找到。最常见的有：假单胞菌属（*Pseudomonas*）、弧菌属（*Vibrio*）、无色杆菌属（*Achromobacter*）、黄杆菌属（*Flavobacterium*）、螺菌属（*Spirillum*）、微球菌属（*Micrococcus*）、八叠球菌属（*Sarcina*）、芽孢杆菌属（*Bacillus*）、棒杆菌属（*Corynebacterium*）、枝动菌属（*Mycoplana*）、诺卡氏菌属（*Nocardia*）和链霉菌属（*Streptomyces*）等10余个属。在海水中，革兰氏阴性杆菌占优势，可达到90%以上；在远洋沉积物中，则革兰氏阳性细菌居多；在大陆架沉积物中，芽孢杆菌属最为常见。生活在深海的细菌，因深海环境而具有高盐、高压、低温和低营养等特点，其生理、生态特性与陆生细菌迥然不同。

海洋细菌通常具有以下几种生理特性：嗜盐性、嗜冷性、嗜压性、低营养性、趋化性与附着生长、多态性和发光性。

2. 海洋中细菌的鉴定

随着分子生物学、细胞分化学和计算机技术的飞速发展，海洋细菌的分类标准也得到了很大的发展。目前，最常用的海洋细菌鉴定分类主要从以下几个水平进行：细胞的形态和习性水平、细胞组分水平、蛋白质水平、基因水平。

（四）海洋致病微生物分离和观察

1. 患病海洋生物症状观察

在体表、体内分别观察症状。

2. 患病海洋微生物解剖

动物解剖中的主要原则如下。

（1）解剖是为了显示被掩盖的部分，或区分某些部分。因此，解剖主要是将要观察的器官或组织分开，而不是切碎、割裂。故在实验中少用刀和剪，多用剥离等分离手段。

（2）用刀或剪时，不要把不需切断的部分切断。尽可能保留相关的联系。

（3）解剖时必须小心从事，不可用力过大。

（4）要沿着器官结构来解剖。在不能确定某一器官不再需要时，先不要切除。

（5）尽量使用新鲜材料做解剖实验。

动物解剖的一般方法如下。

（1）对解剖对象做一个全面的观察，分出前后、背腹面和内脏器官的大致位置。阅读实验指导，了解具体解剖的要求。

（2）解剖的具体方法因材料种类和观察的要求不同而有所差异。

（3）把解剖对象固定在蜡盘上。小型动物应用大头针固定。大头针应斜插。

（4）在解剖时不得使解剖对象干燥，应在蜡盘上加少量的水。

3. 海洋病原微生物分离和培养

分离培养的目的在于从被检材料中，或者从污染的众多杂菌中分离出纯的病原微生物。无菌操作，取病灶部位、内脏（肝、脾、肾等部位）、腹水等，平板画线，室温下培养。

（1）接种和分离工具。接种和分离工具包括接种针、接种环、接种钩、玻璃涂棒、接种圈、接种锄、小解剖刀。

（2）分离方法。常用的分离培养方法是琼脂平皿分区画线法。借画线将混杂的细菌在琼脂平皿表面分散开来，使个别的细菌能固定在某一点。细菌经培养生长繁殖后形成单个菌落，以达到分离获得纯种细菌的目的。具体操作方法如下。

A. 点燃酒精灯，右手执笔式握持接种环，在酒精灯火焰上烧灼接种环，待冷，取待测菌液一环。

B. 左手抓握琼脂培养基平皿，用手掌将平皿的底固定，用手指将平皿的盖略抬起一些，进行接种。

C. 右手持接种环在琼脂表面的一端（即1区，约占整个平皿的1/6～1/5）涂布。画线时，接种环与琼脂表面呈30°～40°的角度轻轻接触，利用腕力动作，切忌划破琼脂表面。烧灼接种环，待冷后，将接种环通过1区画线数次，在2区作连续画线，各线条间隔要小，但不能重叠。画满平皿的1/5～1/4区域，继续通过2区数次，在3区作连续画线，如此反复至画完整个平皿。

连续画线法（图5-4）包括分区画线法和连续画线法。分区画线法适用于含菌量较多的标本。连续画线法适用于含菌量较少的标本。

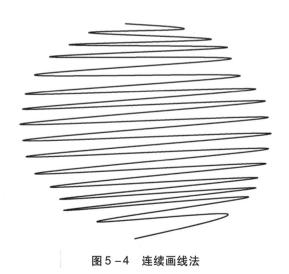

图5-4 连续画线法

（3）常用的接种方法。常用的接种方法如下。

A. 画线接种。这是最常用的接种方法。即在固体培养基表面作来回直线形的移动,就可达到接种的目的。常用的接种工具有接种环、接种针等。在斜面接种和平板画线中就常用此法。

B. 三点接种。在研究霉菌形态时常用此法。此法即把少量的微生物接种在平板表面上,令其呈等边三角形的三点。让它各自独立形成菌落后,观察、研究它们的形态。除三点外,也有以一点或多点方法进行接种的。

C. 穿刺接种。在保藏厌氧菌种或研究微生物的动力时常采用此法。做穿刺接种时,用的接种工具是接种针。用的培养基一般是半固体培养基。它的做法是：用接种针蘸取少量的菌种,沿半固体培养基中心向管底作直线穿刺,如果某细菌具有鞭毛而能运动,则在穿刺线周围能够生长。

D. 浇混接种。该法是将待接种的微生物先放入培养皿中,然后再倒入冷却至45 ℃左右的固体培养基,迅速轻轻摇匀培养皿,这样菌液就达到稀释的目的。待平板凝固后,置于合适温度下培养,就可生长出单个的微生物菌落。

E. 涂布接种。与浇混接种略有不同,该法需要先倒好平板,让其凝固,然后再将菌液倒入平板,迅速用涂布棒在表面作来回、左右的涂布,让菌液均匀分布,如此,即可生长出单个的微生物的菌落。

F. 液体接种。从固体培养基中将菌种洗下,倒入液体培养基中。或用移液管将菌种接至液体培养基中,或将菌种从液体培养物中移至固体培养基中。这些都可称为液体接种。

G. 注射接种。该法是用注射的方法将待接的微生物转接至活的生物体内,如人或其他动物的体内。常见的疫苗预防接种就是应用此法。疫苗接入动物后,可以预防某些疾病。

H. 活体接种。活体接种是专门用于培养病毒或其他病原微生物的一种方法,因为病毒必须接种于活的生物体内才能生长繁殖。所用的活体可以是整个动物；也可以是某个离体活组织,如猴肾等；还可以是发育的鸡胚。接种的方式可以是注射,也可以是拌料喂养。

（4）无菌操作。无菌操作的步骤为：①接种灭菌；②开启棉塞；③进行管口灭菌；④挑起菌苔,进行接种；⑤塞好棉塞。

（5）分离纯化。分离纯化的步骤如下。

A. 倾注平板法。稀释微生物混悬液,取一定量的稀释液与熔化好的保持在40～50 ℃的营养琼脂培养基充分混合。将此混合液倾注到无菌的培养皿中。待凝固后,将该平板倒置于恒温箱中培养。单一细胞经过多次增殖后形成一个菌落,取单个菌落制成混悬液,重复上述步骤数次,便可得到纯培养物。

B. 涂布平板法。稀释微生物混悬液,取一定量的稀释液滴加于无菌的已经凝固的营养琼脂平板上,用无菌的玻璃刮刀把稀释液均匀地涂布在培养基表面上,经恒温培养便可以得到单个菌落。

C. 平板画线法。最简单的分离微生物的方法是平板画线法。用无菌的接种环取少许培养物在平板上进行画线。画线的方法很多,常见的比较容易出现单个菌落的画线方法有斜线法、曲线法、方格法、放射法、四格法等。接种环在培养基表面上往后移动时，接种环上的菌液逐渐稀释，最后，在所画的线上分散着单个细胞。经培养，每一个细胞长成一个菌落。

D. 富集培养法。富集培养法的方法和原理非常简单。可以创造一些条件只让所需的微生物生长，在这些条件下，所需要的微生物能有效地与其他微生物进行竞争，在生长能力方面远远超过其他微生物。所创造的条件包括选择最适的碳源、能源、温度、光、pH、渗透压和氢受体等。在相同的培养基和培养条件下，经过多次重复移种，最后富集的菌株很容易在固体培养基上长出单菌落。如果要分离一些专性寄生菌，就必须把样品接种到相应敏感的宿主细胞群体中，使其大量生长。通过多次重复移种便可以得到纯的寄生菌。

E. 厌氧法。在实验室中，为了分离某些厌氧菌，可以利用装有原培养基的试管作为培养容器，把这支试管放在沸水浴中加热数分钟，以便逐出培养基中的溶解氧。然后快速冷却，并进行接种。一种方法是，接种后，加入无菌的石蜡于培养基表面，使培养基与空气隔绝。另一种方法是，接种后，利用 N_2 或 CO_2 取代培养基中的气体，在火焰上密封试管口。有时为了更有效地分离某些厌氧菌，可以把所分离的样品接种于培养基上，再把培养皿放在完全密封的厌氧培养装置中。

（6）培养。微生物的生长除了由本身的遗传特性决定，还受许多外界因素影响，如营养物浓度、温度、水分、氧气、pH 等。微生物的种类不同，培养的方式和条件也不尽相同。培养方法如下。

A. 根据培养时是否需要氧气，可分为好氧培养和厌氧培养两大类。

B. 根据培养基的物理状态，可分为固体培养和液体培养两大类。

接种完毕，盖好平皿盖，在平皿底玻璃上用记号笔注明标本名称、接种时间、接种者等。然后，将平皿的底朝上，放置在 37 ℃ 孵箱内，孵育 24 h。

4. 海洋细菌的生长状况观察

取出培养皿后，观察琼脂表面的菌落分布情况，注意观察最后 1～2 区是否分离出单个菌落，并观察记录菌落特征（如菌落大小、形状、透明度、色素等）。

菌落形态观察点项目如下。

（1）大小。菌落的大小以毫米来计量。
（2）形状。形状有圆形、不规则形、放射状等。
（3）表面。表面光滑或粗糙，呈圆环状、乳突状等。
（4）边缘。边缘整齐，或呈波形、锯齿状等。
（5）色素。观察菌落有无颜色，是否可溶等。
（6）透明度。透明度包括透明、半透明、不透明等。

5. 海洋病原微生物的初步鉴定

海洋病原微生物初步鉴定可选择革兰氏染色法，观察细菌的形态、大小、分布。

初步掌握无菌操作的要求和注意事项，掌握细菌染色技术和过程，通过细菌的革兰氏染色法进行细菌的分类。

革兰氏染色原理为根据细菌细胞壁的化学组成和结构不同进行染色以鉴别。此为C. Gram 于 1884 年发明的一种鉴别不同类型细菌的染色方法。

革兰氏染色的方法为：将细菌放置在蒸馏水中，通过酒精灯加热自然干燥固定，滴加结晶紫初染 1 min，再加碘液媒染 1～2 min，用 95% 乙醇溶液进行脱色 20～30 s，最后滴加沙黄复染 1 min，干燥后在显微镜下观察。注意事项如下。

（1）要用幼龄培养物作革兰氏染色。

（2）涂片不宜太厚，以免脱色不完全造成假阳性。

（3）控制脱色时间，它是革兰氏染色的关键步骤。

（4）设定阴性和阳性对照，确保实验的可靠性。

培养细菌涂片革兰氏染色观察操作步骤如下。

（1）将涂片置于火焰上固定，滴加结晶紫染色液，染色 1 min，水洗。

（2）滴加革兰氏碘液，作用 1 min。

（3）滴加 95% 乙醇溶液，作用约 30 s。

（4）水洗，滴加沙黄复染液复染 1 min。水洗，待干，置油镜下观察。

（5）结果判断。呈紫色者为革兰氏阳性菌，呈红色者为革兰氏阴性菌。

患病生物组织印片革兰氏染色观察操作步骤如下。

（1）无菌条件下取组织小块，在载玻片上进行印片和干燥。

（2）在印片上滴加结晶紫染色液，染色 1 min，水洗。

（3）滴加革兰氏碘液，作用 1 min。

（4）滴加 95% 乙醇溶液约 30 s。

（5）水洗，滴加沙黄复染液，复染 1 min。水洗，待干，置油镜下观察。

海洋细菌装片的制备，按照如下操作进行。

（1）涂片。取干净载玻片 1 块，在载玻片上加 1 滴含有细菌的海水，按无菌操作要求进行涂片，注意取菌不要太多。

（2）晾干。让涂片自然晾干或者置于酒精灯火焰上方以文火烘干。

（3）固定。手执载玻片一端，让菌膜朝上，通过火焰 2～3 次以固定（以不烫手为宜）。

（4）滴加结晶紫后，染色 3～5 s 或更久，用自来水冲洗。

（5）滴加碘液后染色 3～5 s 或更久，用自来水冲洗。

（6）以 95% 乙醇溶液脱色 5～10 s，并用自来水冲洗。

（7）加上番红复染后，染色 3～5 s 或更久，用自来水冲洗。

（8）吸干或在空气中晾干后，置油镜下进行镜检。

四、实验步骤

1. 海洋生物疾病病原的症状观察

仔细观察海水病鱼、虾的外观症状，认真观察描述并详细记录。

2. 海洋致病微生物的分离和培养

进行无菌操作，解剖病鱼（虾）材料，取肝、脾、肾等组织平板画线，适温培养。

3. 海洋致病微生物的初步鉴定

用革兰氏染色法观察细菌形态和大小。
（1）培养细菌的革兰氏染色观察。
（2）患病生物组织印片染色观察。

4. 细菌染色标本的观察

用显微镜观察标准的细菌染色标本，绘制相关细菌形态图。
注意事项如下。
（1）认真听老师讲授，严格按照实验操作进行，爱护仪器设备。
（2）注意安全，进行无菌操作，防止污染。
（3）独立操作，注意分工合作。
（4）不要大声喧哗，保持教室安静。
随堂测试如下。
（1）鱼类、虾类解剖基本操作。
（2）接种、画线基本操作。
（3）革兰氏染色基本操作，染色效果观察。
（4）细菌染色标准片的观察。
（5）细菌画线培养结果（拍照）。

五、作业

（1）简述海洋病原微生物检测和鉴定方法。
（2）描述海洋生物疾病症状。
（3）简述海洋病原微生物分离方法。
（4）记录和描述分离细菌的生长情况（拍照，并提交）。
（5）绘图，示意革兰氏染色细菌的形态。

实验六 浮游生物样品采集和观察

一、实验目的

(1) 了解浮游生物样品的采集方法。
(2) 掌握浮游生物样品的观察和分析方法。

二、实验内容

1. 调查工具

(1) 采水器。采水器见图 6-1。

图 6-1 采水器

(2) 浮游生物网。浮游生物网见图 6-2。

图 6-2　浮游生物网

定性样品（浮游植物、原生动物和轮虫等）采集时采用 25 号浮游生物网（网孔孔径为 0.064 mm）或采用聚氨酯泡沫塑料块；枝角类和桡足类等浮游动物采用 13 号浮游生物网（网孔孔径为 0.112 mm）。

（3）透明度盘。透明度盘见图 6-3。

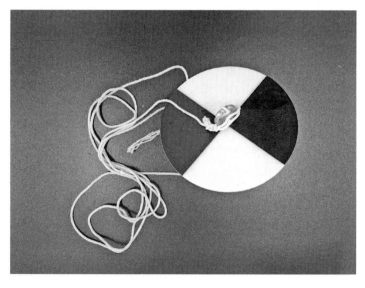

图 6-3　透明度盘

（4）标本瓶。标本瓶见图 6-4。

图 6-4 标本瓶

(5) 固定液。常用固定液（表 6-1）有鲁哥氏碘液和甲醛。A. 鲁哥氏碘液，用以固定浮游植物。B. 3%～5%甲醛溶液，用以固定浮游动物。

表 6-1 常用固定液

样品类别	待测项目	保存方法	保存时间	备注
浮游植物（如藻类）	定性鉴定、定量计数	在水样中加入 1%（V/V）的鲁哥氏碘液以固定	1 年	需长期保存样品，可按每 100 mL 水样加入 4 mL 福尔马林以固定
浮游动物（如原生动物、轮虫）	定性鉴定、定量计数	在水样中加入约 1%（V/V）的鲁哥氏碘液以固定	1 年	需长期保存样品，可按每 100 mL 水样加入 4 mL 福尔马林以固定
	活体鉴定	最好不加保存剂，有时可加适当麻醉剂（如普鲁卡因等）	现场观察	—
浮游动物（如枝角类、桡足类）	定性鉴定、定量计数	在 100 mL 水样中加 4～5 mL 福尔马林以固定	1 年	若要长期保存，40 h 后，换用 70%的乙醇溶液以保存
底栖无脊椎动物	定性鉴定、定量计数	样品在 70%的乙醇溶液或 5%的福尔马林中固定	1 年	样品最好先在低浓度固定液中固定，然后，逐次升高固定液浓度，保存在 70%的乙醇溶液或 5%的福尔马林中
鱼类	定性鉴定、定量计数	样品在 10%的福尔马林中固定	数月	现场鉴定计数

续表 6-1

样品类别	待测项目	保存方法	保存时间	备注
水生维管束植物	定性鉴定、污染物分析	晾干	—	将定性鉴定的样品尽快晾干，干燥后分析其残留
底栖无脊椎动物（如鱼类）	污染物分析	—	—	尽快完成分析
浮游生物	污染物分析	—	—	—
藻类	叶绿素 a 的检测	2～5 ℃，每升水样加入 1 mL 1% $MgCO_3$ 溶液	24 h	立即分析
废水	毒性测试	于 1～4 ℃温度中密封	数小时	应尽快测试
浮游植物	初级生产力的检测	不允许加入保存剂		取样后，尽快试验
微生物	细菌总数、总大肠菌群数、粪性大肠菌数、粪链球菌数的检测	1～4 ℃	<6 h	最好在采样后 2 h 内完成接种，并进行培养。如果水样含有余氯或其重金属含量高，可在样品瓶中按每 500 mL 样品分别加入 0.3 mL 10% 的硫代硫酸钠溶液或 1 mL 15% 的 EDTA 溶液

2. 采样点选择

根据研究海域的实际情况而定。

3. 浮游植物采样

采集浮游植物时，可用 25 号定性网在选定的采集样点上进行水平拖取。

在水库和中、小型湖泊采样时，可将定性网缚于船上，以慢速拖曳，时间一般为 10～20 min。

如果在坑塘等小水体中采样，可将定性网缚于长 2 m 的竹竿上，将网置于水中，使网口在水面以下深约 50 cm 处作"∞"形反复拖曳，拖曳速度为每秒 20～30 cm，时间为 3～5 min。将网提起并抖动，待水滤去后，打开集中杯，将其倒入贴有标签的标本瓶中。

如果采样的地点距离实验室较近，可将样品分装两瓶，一瓶按每 100 mL 样品加入 1.5 mL 鲁哥氏碘液的比例进行固定，也可用 4% 的福尔马林固定样品，留作日后进行属种鉴定；另一瓶不加任何试剂进行固定，直接带回实验室作活体观察。

4. 浮游动物采样

采集浮游动物的方法与上述浮游植物的采集方法相同。在网具方面，采集原生动物和轮虫可用 25 号定性网；但采集枝角类和桡足类，则应改用 13～18 号的定性网。

5. 样品处理

样品处理（图 6-5）有定性样品处理和定量样品处理。定量样品处理用于处理浮游植物样品和浮游动物样品。

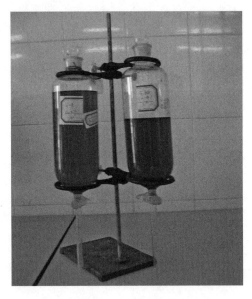

图 6-5 样品处理

浮游植物样品处理过程如下。

（1）摇匀所采水样后，将其倒入沉淀器（圆柱形分液漏斗）中，静置，使浮游植物完全沉淀。如果没有沉淀器，也可用烧杯替代或在原水样瓶中进行静置沉淀。沉淀器应置于平稳处，避免摇动。

（2）倾入水样 2 h 后，轻轻旋转沉淀器，以减小藻类附着在器壁的可能性，静置沉淀 24～48 h。

（3）利用虹吸原理，用乳胶管或橡皮管小心地抽出上层不含藻类的澄清液。将剩下的 20～40 mL 沉淀物转入 30 mL 或 50 mL 的定量瓶中，用上述澄清液冲洗沉淀器 2～3 次，洗液仍倒入定量瓶中，使水量恰好达到 30 mL 或 50 mL。

（5）贴上标签，标签上要记载采集时间、地点、采水量、池号和样品号等。

注意事项：虹吸动作要十分仔细、小心。开始时，虹吸管一端放在沉淀器内约 2/3 处，另一端套接在已经用手挤压出空气的橡皮球上，然后，轻轻松手并移开橡皮球使清液流出。为了避免漂浮于水面上的一些微小藻类进入虹吸管而被吸走，管口应始终低于水面。虹吸管内澄清液的活动不宜过快,可用手指轻捏管壁以控制流量。当吸到原水样的3/5以上时,应使澄清液逐滴流下。吸出的澄清液要用一洁净的器皿装盛,以便在浓缩过程中出现故障时,可重新倒入沉淀器中浓缩,不必重新采水。

6. 数量计算

将计算瓶以左右平移的方式摇动100～200次,摇均匀后,立即用0.1 mL吸管从中吸取0.1 mL置于0.1 mL计数框内,在400～600倍的显微镜下观察和计数。

每个水样标本计数2次(2片),取其平均值,每片计数100个视野,但具体观察的视野数根据样品中浮游植物多少而酌情增减。如果平均每个视野有十几个,数50个视野即可;如果平均每个视野有五六个,就需数100个视野;如果平均每个视野不超过2个,要数200个视野以上。

注意事项如下。

(1)数横条,最少不少于5条,具体可自行掌握。

(2)不管是数视野还是数横条,每片计数到的植物总数应达到样品低浓度时不少于200个,样品高浓度时不少于500个。

(3)同一样品的两次计数结果与其均数之差如果不大于其均数的10%,这两个相近的值的均数即可视为计数结果。

浮游动物定量计数见图6-6。

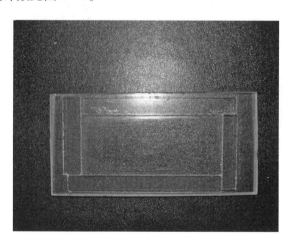

图6-6 浮游动物计数板

7. 结果统计

(1)定性结果。主要根据浮游动物的外观形态进行定性分析,对该海域出现的浮游动物种类、属别、分类地位等进行统计。

(2)定量结果。以个/升、mg/L作为计量单位。

三、实验步骤

1. 浮游生物样品的采集

（1）以小组为单位，采集海洋楼池塘水样。
（2）进行透明度测定。
（3）进行定性样品采集。

在各采样点中部的水面和水面下 0.5 m 处，用 25 号浮游生物网以每秒 20～30 cm 的速度作"∞"形往复缓慢拖动，约 10 min 后垂直提出水面。

2. 采集样品的固定

将采得的水样倒入标本瓶中，加入 5% 的鲁哥氏碘液或 5%～10% 的甲醛溶液进行固定并带回实验室。

3. 样品观察和分析

在显微镜下进行浮游藻类的观察、鉴定分类。浮游藻类鉴定到种或属，其中，优势种鉴定到种。记录并分析结果（表 6-2）。

表 6-2　浮游生物分析记录样品来源

样品类型　　　　　　　　　　　　　　　　　　　共　页　第　页

分析项目	采样地点	采样日期　月　日
属　名	数量/个	指示意义

续表 6-2

样品类型　　　　　　　　　　　　　　　　　　　　共　　页　　第　　页

分析项目	采样地点	采样日期　月　日
优势种名		
绝对优势种		
生物密度（个/升）		
结果分析		
备　注		

四、作业

（1）简述浮游生物的采集和观察方法。
（2）观察采集的浮游生物样品，列举各自采集的浮游生物的数量、种类和名称。

实验七　常见软体动物（腹足纲、瓣鳃纲）生物学研究

一、实验目的

（1）综合运用形态学知识，准确、快速鉴别生物种类，培养观察特征、分析特征、规范表达特征以及组织特征等能力，训练生物鉴定、分类技巧，提高海洋生物的认知及鉴别能力。

（2）通过对腹足纲和瓣鳃纲（双壳纲）动物外形及内部解剖的观察，了解软体动物门的一般结构及其特征，并掌握不同种类的结构和特征。

（3）认识和了解软体动物的一些常见和重要的经济种类。

二、实验材料

（1）软体动物门腹足纲、瓣鳃纲常见种类的实物标本、示范标本。
（2）软体动物门腹足纲、瓣鳃纲常见种类的活体标本。

三、实验工具

常用解剖工具（剪刀、镊子、手术刀片等）、解剖针、放大镜、解剖镜、显微镜、蒸馏水、滴管、吸水纸、白瓷盘。

四、腹足纲、瓣鳃纲简介

软体动物种类繁多（图7-1），生活范围极广，在海水、淡水和陆地均有产。已记载的种类有115 000余种，是动物界中仅次于节肢动物的第二大类群。本门动物体外大都覆盖有各式各样的贝壳，故通常又称之为贝类。

本门动物身体柔软，不分节或假分节，通常由头、足、躯干（内脏团）、外套膜和贝壳5部分构成。有由外套膜分泌物质形成的贝壳，这是软体动物的标志性形态特征。除瓣鳃纲外，其他软体动物口腔内有颚片和齿舌，次生体腔极度退化，间接发育的具担轮幼虫期和面盘幼虫期。大部分种类为海产。

a：螺；b：蛤；c：鹦鹉螺；d：石鳖；e：鲍科动物；f：蝶螺；g：渔舟蜒螺

图7-1　常见软体动物列举

软体动物门包括无板纲、单板纲、多板纲、腹足纲、掘足纲、瓣鳃纲、头足纲等。以下主要介绍腹足纲和瓣鳃纲的特点。

（一）腹足纲

1. 贝壳的形态

螺类贝壳的若干名称见图7-2。

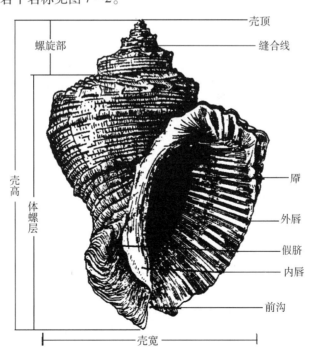

图7-2　螺类贝壳的若干名称

(1) 右旋螺（dextral shell）和左旋螺（sinistral shell）。贝壳的卷曲有的自左至右，有的自右至左，即有左旋与右旋之分。手持贝壳，壳顶向上，壳口面向自己，如果壳口在壳轴的右侧，则此贝壳称为右旋螺，反之称为左旋螺。或者手持贝壳，壳顶向上，腹面向下，观察壳顶的螺纹，如果螺纹是以顺时针方向旋转，则为右旋螺，若螺纹是以逆时针方向旋转，则为左旋螺。

(2) 螺旋部（spire）和螺层（spire whorl）。螺旋部是内脏囊所在之处，常由很多的螺层组成（图7-3）。

图7-3 螺旋部和螺层

(3) 缝合线和体螺层。连接两螺层之间的凹线称为缝合线。计算某一种类的螺层数，往往是缝合线数+1。贝壳的最后一个螺层为体螺层，它容纳动物的头部和足部（图7-4）。

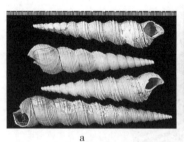  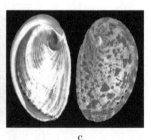

　　　　　　a　　　　　　　　　　　b　　　　　　　　　　c

a：螺旋部极高而体螺层极小的锥螺；b：贝壳呈笠状，不具螺旋的帽贝；
c：螺旋部极小，体螺层极大的鲍鱼

图7-4 缝合线和体螺层

(4) 壳顶（apex）。螺旋部的顶端为壳顶，是动物最早形成的胚壳，有的尖，有的呈乳头状，也有些种类常被腐蚀磨损而不明显（图7-5）。

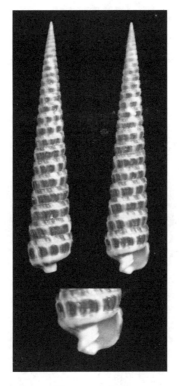

图 7-5 壳顶

（5）壳口（aperture）。体螺层的对外开口。不同种类的壳口形状差异很大（图 7-6）。

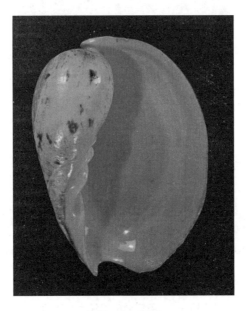

图 7-6 壳口

(6) 前沟 (anterior canal) 和后沟 (posterior canal)。有些种类的壳口前端或后端常具缺刻或沟，前端的称前沟，后端的称后沟。有的种类的前沟特别发达，形成贝壳基部的一个大型棘突，或成为吻伸出的沟道，如骨螺。后沟一般都不发达（图7-7）。

图7-7 前沟

(7) 不完全壳口和完全壳口。具有前沟或后沟的壳口称为"不连续壳口"或"不完全壳口"。反之，有些种类，壳口大多无缺刻或沟，称为"完全壳口"，如马蹄螺、单齿螺等（图7-8）。

  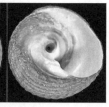

a　　　　　　　　　　　b

a: 不完全壳口；b: 完全壳口

图7-8 不完全壳口和完全壳口

(8) 外唇（outer lip）和内唇（inner lip）。壳口靠螺轴的一侧为内唇，内唇边缘常向外翻卷贴于体螺层上，在内唇的部位常有褶，如笔螺和梱螺。内唇相对的一侧称外唇，外唇随动物的生长而逐渐加厚。外唇和内唇有时也具齿或缺刻（图7-9）。

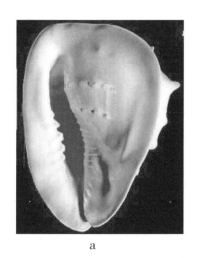

a：明显的内唇；b：具齿的外唇

图7-9 外唇和内唇

(9) 螺轴。螺壳的旋转中轴为"螺轴"，常位于贝壳的中心（图7-10）。

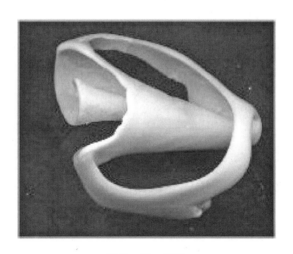

图7-10 螺轴

(10) 脐（umbilicus）和假脐（pseudoumbilicus）。螺壳在旋转过程中在基部遗留的小窝为"脐"，各种螺类的"脐"深浅不一。有的种类由于内唇向外卷转在基部形成了小凹陷，称为假脐（图7-11）。

a：脐；b：假脐

图 7-11　脐和假脐

（11）厣。壳口常有一盖，称厣，为角质或石灰质，由足的后端分泌形成，可封闭壳口。厣是腹足纲动物独特的保护装置，有角质的，如玉螺；也有内面是角质的，而外面却是石灰质的，如蝾螺（*Turbo* Linnaeus）。绝大部分种类，厣的形状和大小与壳口一致，当动物身体全部缩入贝壳时，可把壳口盖住。个别种类则很小，不能盖住，如凤螺、芋螺等。肺螺类和前鳃类的一些种类无厣，如鲍鱼等。

厣上面生有环状或螺旋状的生长纹，生长纹有一核心部，核的位置多接近中央，有时偏向侧方或上方（图 7-12 和图 7-13）。

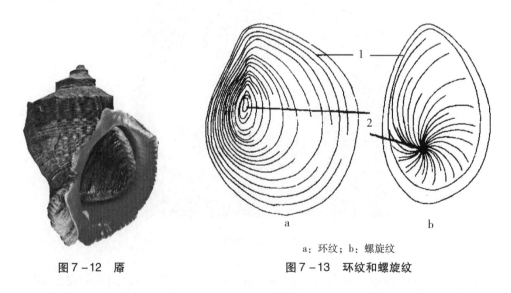

图 7-12　厣　　　　　a：环纹；b：螺旋纹

图 7-13　环纹和螺旋纹

（12）纵肋、螺棱和瘤状结节。腹足纲贝壳的前、后、左、右方位是按动物行动时的姿态来决定的。壳顶端为后端，相反的一端为前端。有壳口的一面为腹面，相反的一面为背面。以背面向上，腹面向下。后端向观察者，在右侧者为右方，在左侧者为左方，但通常在描述贝壳形态时，常称后端的壳顶为上方，前端为基部。在测量贝壳时，由壳顶至基部的距离为高度，贝壳体螺层左右两侧最大的距离为宽度（图7－14）。

a：腹足类的贝壳各部名称图解；b：织纹螺；c：夜光蝾螺

图7－14　纵肋、螺棱和瘤状结节

2. 腹足纲的软体部

腹足纲的软体部包藏于贝壳内，包括外套膜、头部、足部和内脏团（囊）。

（1）外套膜。腹足纲的外套膜是一层很薄的组织，覆盖整个内脏囊，它的游离边缘常在内脏囊和足的交接处，周围环绕成领状。外套膜与和内脏间的空隙称为"外套腔"。腔中有鳃、肛门、生殖孔和排泄孔等，有的种类外套腔很浅，如海牛科，无特别的外套腔，它们的肛门和生殖孔直接与外界相通，本鳃消失，而皮肤的一部分形成二次性鳃。

在外套膜的边缘，还生长有色素和触角等感觉器官。

（2）头部。腹足纲头部都很发达，位于身体的前端，呈圆筒状，有时稍扁。

头部除了口、吻以外，还有一些其他器官，如触角、眼、触唇、头叶和颈叶等（图7－15）。

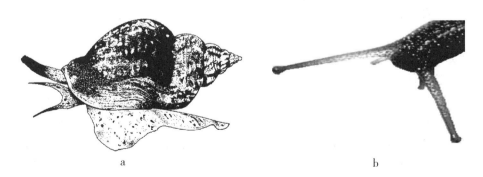

a：头部；b：触角

图7－15　腹足纲头部

(3) 足部。腹足纲的足比较发达，呈肉质块状，一般都位于身体的腹面，因此，又称这类动物为腹足类。

腹足纲足底宽平，适于爬行。但形态常因生活方式的不同而有变化。生活在泥滩的种类，足部特别发达，有前足（propodium）、后足（metapodium）和中足（mesopodium）。有些种类足的左右两侧特别发达，从而形成侧足（parapodium）。

(4) 内脏团（囊）。内脏团（囊）位于足的上部，螺旋部内，包括内脏各器官，呈螺旋形，又称内脏螺旋。

(二) 瓣鳃纲（双壳纲）

瓣鳃纲（双壳纲）外膜见图 7–16 和图 7–17。

图 7–16　瓣鳃纲贝壳的基本形态

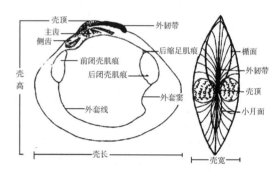

图 7–17　瓣鳃纲贝壳各部名称图解

壳高（height）为壳顶至腹缘的最大距离。
壳长（length）为壳前后之最大长度。
壳宽（width）为壳左右之最大宽度。

贝壳方向的确定方法为：手持贝壳，使壳顶向上，腹缘朝下，前缘向前，后缘朝后。壳顶弯向的一方（小月面）或背侧缘短的一方或无韧带的一方或无外套窦的一方或闭壳肌痕小的一方为前方，与之相对的一端为后方。壳顶为背方，壳腹缘为腹方。

双壳类的贝壳由 3 层组成。

最外层是角层（periostracum），又称壳皮（epistracum），薄而透明，其成分是壳基质贝壳素（贝壳硬蛋白）（conchiolin）。

中层是棱柱层（prismatic layer），又称壳层（ostracum），较厚且透明，是方解石（calcite）的钙质棱柱形结晶体。

最内层是珍珠层（pearl layer），又称壳底（hypostracum），光滑，有彩色光泽，其成分是钙质，呈叶状霰石（aragonite）结构。

外层和中层是由外套膜边缘的生壳突起分泌而成，随外套膜的生长而不断增大面积,但厚度不再继续增加。内层是由外套膜表面分泌形成,该层可随动物的生长而逐渐加厚。

五、实验步骤

1. 实物标本、示范标本的生物学特性研究

(1) 生物学指标测定。测定壳高、壳长、壳宽等性状。
(2) 称量。
(3) 记录。

2. 活体标本的观察和解剖

结合所学知识,仔细观察提供的活体标本外形特征,解剖观察其内部结构和特征。

3. 实物标本、示范标本的观察

认真观察和记录提供的实物标本、示范标本的种类和外形特征,掌握不同种类的特点,区别不同的种类。

4. 随堂测试

(1) 指示贝类各个组成部分。
(2) 观察贝类标本,鉴定10种贝类名称。

六、作业

(1) 简述软体动物(腹足纲和瓣鳃纲)的主要特征及区别。
(2) 绘制腹足纲和瓣鳃纲的外形和内部结构图。
(3) 试列举5种以上腹足纲和瓣鳃纲种类的相关资料,包括中文名、学名、英文名、分类地位、形态特征、生物学特征、分布、开发利用情况等。

实验八 常见软体动物（头足类）生物学研究

一、实验目的

(1) 掌握头足类的形态特征。
(2) 学习解剖头足类内部器官的技术并观察其结构特征。
(3) 认识和了解一些珍贵和有经济价值的头足类软体动物。

二、实验材料

(1) 乌贼冰鲜标本。
(2) 乌贼等软体动物示范标本。
(3) 乌贼等挂图。

三、实验工具

常用解剖工具（剪刀、镊子、手术刀片等）、解剖针、放大镜、解剖镜、显微镜、蒸馏水、滴管、吸水纸、解剖盘、蓝墨水、棉线。

四、头足纲简介

头足纲（Cephalopoda）是软体动物中最高等的类群，体左右对称。贝壳多为内壳或已退化，仅少数种类具外壳。头部发达，有很完善的眼，足特化成口腕 8～10 条，围于口周，故称头足类。外套膜肌肉发达，左右愈合成囊状的外套腔。足的基部形成漏斗，是外套腔与外界相通的孔口。头部神经节集中成脑，有软骨保护。心脏有 2 个或 4 个心耳。多数种类在内脏腹侧具墨囊。雌雄异体，直接发育。全为海产（图 8-1）。

图 8-1 头足纲

1. 头足纲的分类

头足纲现存种类约有 500 种，但被发现的化石种约 1 万种。本纲动物以鳃和腕的数目及其形态特征作为分类依据，划分为四鳃亚纲（Tetrabranchia）和二鳃亚纲（Dibranchia）2 个亚纲。

2. 乌贼、章鱼、鱿鱼的区别

乌贼、章鱼、鱿鱼的区别如下。
（1）乌贼又称墨鱼，为十腕目，具有海螵蛸和墨囊。
（2）章鱼又称八爪鱼，为八腕目，会喷墨。
（3）鱿鱼，为十一腕目，具一条叶状的透明薄膜（骨）。

五、实验步骤（以乌贼为例）

1. 外形观察

认真观察提供的实物标本、示范标本的种类和外形特征，掌握不同种类的特点，区别不同的种类。
（1）头足部。
（2）腕。乌贼具有 10 个腕，呈左右对称，第四对特长腕称触腕。
（3）头。乌贼的头位于腕后方，两侧各有发达的眼，前端中央有口。
（4）颈部。
A. 漏斗。漏斗为腹面中央的喇叭形构造。
B. 舌瓣。剪开漏斗，可见管腔内壁有一突起，该突起为舌瓣。
（5）躯干部。
A. 外套膜。外套膜呈袋状，为躯干部的一层较厚的肌肉壁。
B. 外套腔。外套膜在腹面与内脏团分离形成的空腔为外套腔。
C. 鳍。躯干两侧边缘狭长的肌肉褶为鳍。
D. 壳。壳又称海螵蛸，为舟状疏松石灰质结构，可作药用。

2. 标本的内部解剖和观察

除去腹面的外套膜，露出鳃和内脏团，剪去内脏团的腹壁，分辨乌贼的性别，用棉线扎紧墨囊，依次观察内部各个器官（图 8-2 和图 8-3）。
（1）呼吸系统。具 1 对羽状鳃，位于外套膜内部，呈羽毛状。

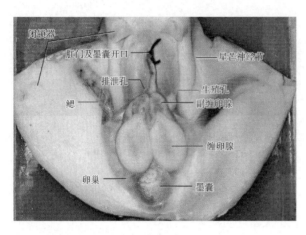
图8-2 雌乌贼解剖原位观察

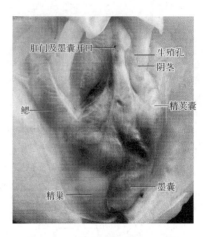
图8-3 雄乌贼解剖原位观察

（2）排泄系统。以镊子轻轻地除去内脏团腹面的结缔组织，将墨囊拉向前方，可见1对左右对称的透明状囊（肾的腹囊）及囊内隐约可见的葡萄状排泄组织。用注射器自排泄孔注入稀释的蓝墨水，则可见在直肠背方有一背囊与两侧囊相通。

（3）循环系统。循环系统为闭管式循环。小心打开肾囊和围心腔，将心脏暴露。在鳃的基部找到淡黄色的鳃心，以心室、鳃心和鳃的位置为参照，找到与它们相连的血管，观察各部分结构。

（4）生殖系统。

A. 雌性。具卵巢1个，位于内脏团后部中央的卵巢囊内，略呈心形，成熟的卵巢内带有浅黄色卵粒。观察输卵管、缠卵腺、副缠卵腺的位置。

B. 雄性。具精巢1个，心形，位于内脏团后部中央。观察输精管、贮精囊、前列腺、精荚囊的位置。

（5）软骨。用解剖刀和镊子除去头部中央和眼基部的皮肤肌肉就可以看到半透明的软骨。

（6）神经系统。用镊子小心地把脑部软骨揭开，可见淡黄色的神经节。若从腹面观察，可见如下部位。

A. 足神经节。足神经节位于食管的腹面前方，发出神经至腕和漏斗。

B. 侧脏神经节。侧脏神经节位于食管腹面足神经节后方，发出神经至外套和胃。

C. 视神经节。视神经节是位于眼球内侧的1对肾形神经节。

D. 星芒神经节。具星芒神经节1对，大而呈星芒状，位于外套膜两侧前壁内。

（7）消化系统。

A. 口。口为围口膜包围，膜上有乳头状突起。

B. 口球。以解剖刀和镊子除去头部腹面的肌肉，可见头部中央的一肌肉质的球状物，即为口球。剖开后可见其内有形似鹦鹉喙的角质颚；上下颚间有一发达的齿舌，解剖镜下观察，可见齿舌上有数行锐齿。

C. 食管。食管位于口球之后,细而长,穿过头部软骨,通至胃。
D. 胃。胃位于内脏团的中部,囊状,壁厚,外被结缔组织。
E. 胃盲囊。胃盲囊在胃的左侧,形状较大,常呈扁平状。
F. 肠。肠连于胃之后,逆向前行,以直肠穿过内脏中央,至腹面并与墨囊管相连。
G. 肝。具肝 1 对,位于食管两侧,大而显著,以肝管通入胃。
H. 唾液腺。具唾液腺 1 对,在肝的前端背面,食管两旁,形如黄豆。
I. 胰。胃与胃盲囊背面的葡萄状腺体为胰。
J. 墨囊。墨囊位于胃的腹面,呈囊状,有墨囊管与直肠平行,开口于直肠后端部。

3. 头足纲标本的观察和分类

通过实验室中保存的头足纲生物标本,观察其外观及内部各个器官构造,辨别鉴定不同头足纲的种类,了解其分类地位。

六、注意事项

（1）仔细认真解剖和观察,按步骤操作。
（2）独立操作,不要大声喧哗。
（3）必须注意安全。
（4）回收实验材料。
（5）不要抄袭！

七、课堂作业

认真仔细观察乌贼外部和内部结构,完整分离乌贼消化系统并说明各组成部分。在课堂上完成、展示,并由教师随堂打分、评价。

八、课后作业

（1）简述软体动物（头足类）的主要特征。
（2）绘制乌贼的外形和内部结构示意图。

实验九　虾类生物学研究

一、实验目的

（1）综合运用形态学知识，准确、快速鉴别生物种类，培养观察特征、分析特征、规范表达特征以及组织特征等能力，训练生物鉴定、分类技巧，提高学生对海洋生物的认知及鉴别能力。

（2）通过对节肢动物门（虾）种类外形的观察，了解节肢动物门的一般结构及其特征，并掌握不同种类结构和特征的区别。

（3）认识和了解虾类常见和重要的经济种类。

二、实验材料

（1）虾类活体标本：斑节对虾、刀额新对虾、濑尿虾。
（2）虾类示范标本。
（3）虾类等挂图。

三、实验工具

常用解剖工具（剪刀、镊子、手术刀片等）、解剖针、放大镜、解剖镜、显微镜、蒸馏水、滴管、吸水纸、解剖盘。

四、虾类简介

世界主要养殖虾蟹除虾蛄（mantis shrimp）属口足目（Stomatopoda）外，其余均属于十足目（Decapoda）。十足目是甲壳纲中最大的目，包含有近1万种甲壳动物。十足目又分为游泳亚目和爬行亚目，游泳亚目包括各种游泳虾类（shrimp）；爬行亚目则包括各种底栖爬行种类，如龙虾（lobster）、鳌虾（crayfish）和蟹类（crab）等。

1. 节肢动物的主要特征

（1）体外被有一层几丁质的甲壳（即外骨骼）。

(2) 体明显分节（称异律分节）。
(3) 各体节具附肢，且附肢也分节。
(4) 发育过程常有变态。
(5) 生长过程常有蜕皮。

2. 口足目（Stomatopoda）

口足目常见种有口虾蛄（*Squilla oratoria*）（图9-1）。

a：背面；b：正面

图9-1　口虾蛄的背面和正面

3. 磷虾目（Euphausiacea）

磷虾目包括太平洋磷虾（*Euphausia pacifica*）、瘦线脚磷虾（*Nematoscelis gracilis*）、隆突手磷虾（*Stylocherlon carinatum*）、中华假磷虾（*Pseudeuphausia sinica*）等（图9-2）。

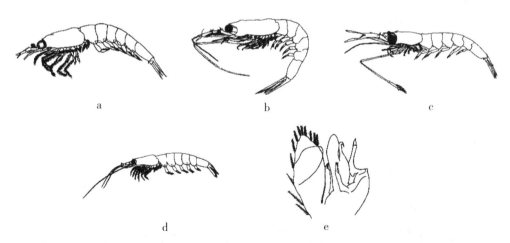

a：太平洋磷虾；b：瘦线脚磷虾；c：隆突手磷虾；d：中华假磷虾；e：太平洋磷虾雄性交接器

图9-2　磷虾目举例

4. 糠虾目（Mysidacea）

糠虾目侧面和顶面见图9-3。

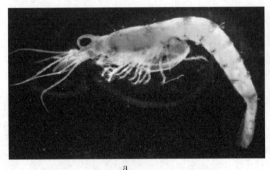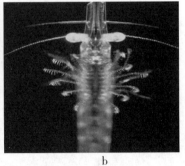

a：侧面；b：顶面

图9-3 糠虾目侧面和顶面

5. 端足目（Amphipoda）

端足目举例见图9-4～图9-7。

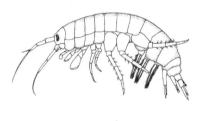

a：侧面；b：示意

图9-4 钩虾属（*Gammarus*）的侧面及示意

a：侧面；b：顶面

图9-5 双眼钩虾属（*Ampelisca*）的侧面和顶面

图 9-6　藻钩虾属（*Ampithoe*）侧面

6. 十足目（Decapoda）

游泳亚目的分类如下。

1（2）第二腹节的侧甲覆盖于第一腹节侧甲后缘之上，第三步足不呈钳状……真虾派（Caridea）
2（1）第二腹节的侧甲不覆盖于第一腹节后缘之上，第三对步足呈钳状
3（4）第三对步足不如第一对粗大，雄性第一腹肢具交接器，卵直接产于水中……对虾派（Penaeidea）
4（3）第三对步足中的一个或一对较前两对特别强大，雄性第一腹肢不具交接器，卵产出后抱于雌体的腹肢间 …………………………………………………… 猬虾派（Stenopodidea）

（1）对虾派模式。

第二腹节的侧甲不覆盖于第一腹节后缘之上，第三对步足呈钳状。第三对步足不如第一对粗大，雄性第一腹肢具交接器，卵直接产于水中。

（2）真虾派模式。

第二腹节的侧甲覆盖于第一腹节侧甲后缘之上，第三步足不呈钳状。

（3）猬虾派模式（图 9-7）。

第二腹节的侧甲不覆盖于第一腹节后缘之上，第三对步足呈钳状。其中一个或一对较前两对特别强大，雄性第一腹肢不具交接器，卵产出后抱于雌体的腹肢间。

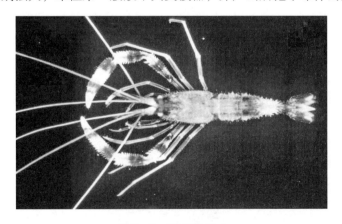

图 9-7　猬虾派模式

(4）对虾派与真虾派的区别（表9-1）。

表9-1 对虾派与真虾派的区别

类别	腹部第2节之侧甲是否覆盖第1节之侧甲	P3是否呈钳状	MXP3	腹部是否抱卵
对虾派	不覆盖	钳状	7节	不抱卵
真虾派	覆盖	非钳状	4～6节	抱卵

7. 对虾派（Penaeidea）

对虾派常见动物见图9-8～图9-14。

中华管鞭虾（*Solenocera crassicornis*）额角短，仅上缘具齿（图9-8）。

图9-8 中华管鞭虾

墨吉对虾（*Penaeus merguiensis*）额角基部背脊很高，侧面观略呈三角形，上缘具有6～9齿，下缘为4～5齿（图9-9a）。

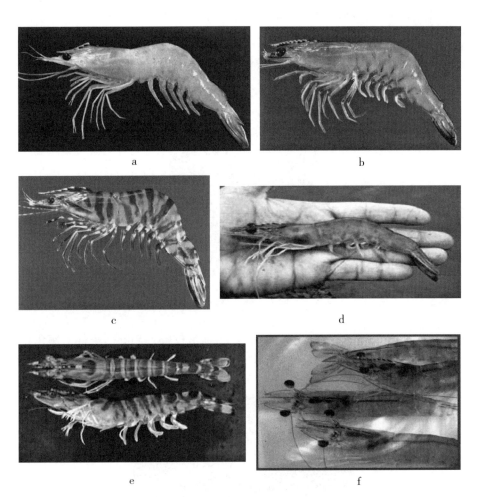

a：墨吉对虾；b：宽沟对虾；c：环节对虾；d：长毛对虾；e：日本对虾；f：凡纳滨对虾

图9-9 常见虾类

刀额新对虾（*Metapenaeus ensis*）俗称麻虾、虎虾、基围虾等。体表呈淡棕色，额角上缘具6～9齿，下缘无齿（图9-10）。

图9-10 刀额新对虾

鹰爪虾（*Trachypenaeus curvirostris*）俗称沙虾，额角呈刀形，仅上缘具 6～10 齿（图 9-11）。

图 9-11 鹰爪虾

哈氏仿对虾（*Parapenaeopsis hardwickii*）俗称活皮虾、剑虾、条虾。额角仅上缘具齿（图 9-12）。

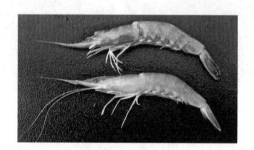

图 9-12 哈氏仿对虾

须赤虾（*Metapenaeopsis barbata*）俗称铁壳虾，额角仅上缘具齿（图 9-13）。

图 9-13 须赤虾

中国毛虾（*Acetes chinensis*）见图 9-14。

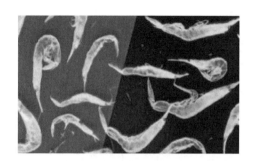

图 9-14　中国毛虾

对虾属与新对虾属的区别如下。

（1）对虾属（*Penaeus*）。其额角上、下缘均具齿。头胸甲具眼胃脊、触角刺、肝刺和胃上刺。尾节背面具纵沟。大颚触须呈叶片状，由 2 节组成。通常 5 对步足皆具外肢。雄性交接器对称，呈钟形。

（2）新对虾属（*Metapenaeus*）。其额角仅上缘具齿。颈沟明显，具肝刺、触角刺，前侧角圆，无颊刺。前 3 对步足具基节刺，第 5 步足无外肢，第 7 胸节有侧鳃，第 3 颚足无肢鳃。刀额新对虾（*Metapenaeus ensis*）是本属最重要的经济种，是目前南方沿海的养殖对象。目前市场上出售的"基围虾"即为本属虾类。

8. 真虾派（Caridea）

鼓虾（*Alpheus*）见图 9-15。

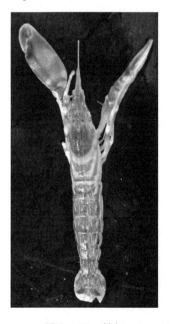

图 9-15　鼓虾

日本沼虾（*Macrobrachium nipponense*）见图9-16。

图9-16　日本沼虾

9. 罗氏虾的形态结构

（1）外形观察。罗氏虾的身体有20节，分为头胸部和腹部，头胸部粗大，腹部自前向后逐渐变小。体表被几丁质外骨骼，第2步足强大，雄虾尤甚，其长度为雌虾的1.5～1.7倍。成虾个体一般雄虾较雌虾粗壮（图9-17）。

a：雄虾；b：雌虾
图9-17　罗氏虾的雄虾和雌虾

头胸部由头部（5节）与胸部（8节）愈合而成，外被头胸甲。头胸甲前部中央有一上下缘具齿的剑状突起，称为额剑。额剑的形状和齿式是重要的分类特征之一。额剑两侧各有1个可自由转动的眼柄，其上着生复眼。

腹部的体节明显，共有6节，其后部有尾节。各节的外骨骼可分为背板、腹板和两侧下垂的侧板。尾节呈锥形，腹面正中有一纵裂缝，为肛门。透过腹面体壁可见腹中线有一暗绿色条纹,即神经下动脉。

附肢共有 19 对,除尾节外,每节具附肢 1 对。除第一对触角是单肢型外,其他都是双肢型。

观察方法为:左手持虾,使其腹面向上。首先注意各附肢着生位置,然后右手持镊子,由身体后部向前依次将虾左侧附肢摘下,并按原来顺序排列在 A4 纸上,自前向后依次观察。

头部附肢共有 5 对,包括小触角、大触角、大颚、第 1 小颚和第 2 小颚。

胸部附肢共有 8 对,原肢均具 2 节,包括颚足 3 对、步足 5 对。用以爬行的胸部附肢——步足共有 5 对,许多种类前 3 对步足(pereopod)末端呈螯状,粗细相似,其功能主要是爬行、抓取小动物。后 2 对步足不呈螯状而呈指状。模式步足共有 7 节,依次为:基节、底节、座节、长节、腕节、掌节和指节。

腹部附肢有 5 对,称为游泳足。原肢有 2 节,内、外肢片状不分节。第 1 腹肢的外肢大,内肢很短小;第 2～5 节腹肢形状相同,内外肢均发达,呈片状,内肢具内附肢。雄虾第 2 腹肢的内附肢内侧有一指状突起的雄性附肢。

对虾第 1 对腹肢雌雄有区别,雄虾内肢特化为交接器。

罗氏沼虾雌、雄虾外部特征比较见表 9-2。

表 9-2　罗氏沼虾雌、雄虾外部特征比较

项目	雌虾	雄虾
大小	个体小	个体大
第 2 步足	较细短,呈灰蓝色	较粗长,呈蔚蓝色。长度是体长的 3 倍,头部较大,腹部比雌虾窄
第 5 步足间距	较宽,呈"八"字排列	较狭窄
第 2 腹肢内肢棒状结构	无棒状突起	有,称雄性附肢
生殖孔部位	位于第 3 步足基部内侧	位于第 5 步足基部内侧

罗氏沼虾、日本沼虾与中国对虾主要形态鉴别特征见表 9-3。

表 9-3　罗氏沼虾、日本沼虾与中国对虾主要形态鉴别特征

比较	罗氏沼虾	日本沼虾(青虾)	中国对虾
成虾体型	粗圆而短,腹部后半端细小,大型	同罗氏沼虾,但为小型	体长而侧扁,腹部肥硕。大型
体色和斑纹	淡青蓝色,间有棕黄色斑纹,幼虾呈透明。头胸甲两侧数条黑色斑纹与身体平行	青灰色,幼虾呈半透明。头胸甲数条黑色斑纹与身体垂直	雌虾微显褐色和蓝色,雄虾微显褐而黄

续表9-3

比较	罗氏沼虾	日本沼虾（青虾）	中国对虾
额角	较长，前端向上弯。额剑齿式	较短，向前平直延伸。额剑齿式	细长，平直前伸。额剑齿式
步足	第2步足无斑纹，雄性呈蔚蓝色，雌性呈灰蓝色。第3步足呈非螯状	第2步足有白色斑纹，雌性均呈灰色。第3步足呈非螯状	第3步足呈螯状
腹节侧甲	第2腹节侧甲覆盖于第1节侧甲后缘	不覆盖	—
第1腹肢	不具雄性交接器	具交接器	—
受精	无受精囊	—	—

尾肢有1对。粗壮，特别宽阔，呈片状，外肢比内肢大，与尾节构成尾扇。

（2）内部解剖。

A. 呼吸系统。用剪刀剪去头胸甲的右侧鳃盖，可见鳃腔中有7对羽状鳃，着生于第2颚足至第5步足基部。

对虾有4种鳃，共25对：侧鳃6对，关节鳃12对，足鳃1对，肢鳃6对，分别位于第1颚足至第5步足基部。

鳃为呼吸器官，共有25对，位于胸部两侧鳃腔中（图9-18）。

鳃分两类，一类是分枝状鳃，共有19对，依着生于附肢基节、附肢与体壁间之关节膜、体侧壁等不同部位，可分为足鳃、关节鳃和侧鳃，是主要的呼吸器官。另一类为胸肢的上肢（肢鳃），共有6对，结构简单，被认为有辅助呼吸的功能。

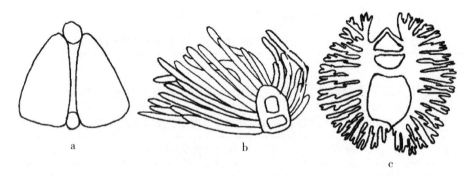

a：足鳃；b：关节鳃；c：侧鳃

图9-18 鳃

鳃着生于胸肢的基部或附近体壁的鳃腔中，鳃的结构、位置和数目都是重要的分类特征。通常有4种鳃，其中，足鳃（podobranchs）、关节鳃（anthrobranchs）和侧鳃（pleurobranchs）均着生在胸部，也合称胸鳃。

按着生的部位，侧鳃着生于附肢基部上方的体壁之上，关节鳃着生于底节与体壁间的关节膜上，足鳃着生于底节的外侧或基节上。胸部有附肢的上肢，也具呼吸功能而称肢鳃（mastigobranchia）。

各类鳃在不同类群中随着个体发育出现的先后顺序也有不同，如游泳亚目中的猬虾派（Stenopididae）关节鳃比侧鳃出现得早，而真虾派则相反；其他十足目动物的关节鳃和侧鳃则同时出现。

鳃由中央的鳃轴和其众多的附属物构成，根据附属物的不同，十足目的鳃又分为枝状鳃（dendrobranchiate）、丝状鳃（trichobranchiate）和叶状鳃（phyllobranchiate）3类。鳃轴内有出鳃血管和入鳃血管，枝状鳃为由前向后从鳃轴两侧各发出1行平行排列的鳃丝，鳃丝具分叉；丝状鳃从鳃轴上发出很多不分叉的鳃丝；叶状鳃的附属物为扁平的鳃叶，鳃叶在鳃轴的前后两侧各重叠排成1行。

B. 运动系统。观察完呼吸系统后，用镊子自头胸甲后缘至额剑处，仔细地将头胸甲与其下面的器官分离；再用剪刀自头胸甲前部两侧到额剑后剪开并移去头胸甲。然后，用剪刀自前向后，沿腹部两侧背板和侧板交界处剪开腹甲，用镊子略掀启背板，观察肌肉附着于外骨骼内的情况，小心地剥离背板和肌肉的联系，移去背板（图9-19和图9-20）。

图9-19 打开头胸甲，观察呼吸器官

肌肉为成束的横纹肌，往往成对。

C. 循环系统。循环系统为开管式循环系统。

心脏位于头胸部后端背侧的围心窦内，为半透明多角形的肌肉囊，用镊子轻轻撕开围心膜即可见到。

用镊子轻轻提起心脏，可见与心脏相连的淡黄半透明的血管即为动脉。

D. 生殖系统。对虾为雌雄异体。

雄性具精巢1对。雄性生殖孔位于第5对步足基部内侧。对虾第5对步足基部具精囊。第1腹肢内肢特化为交接器。

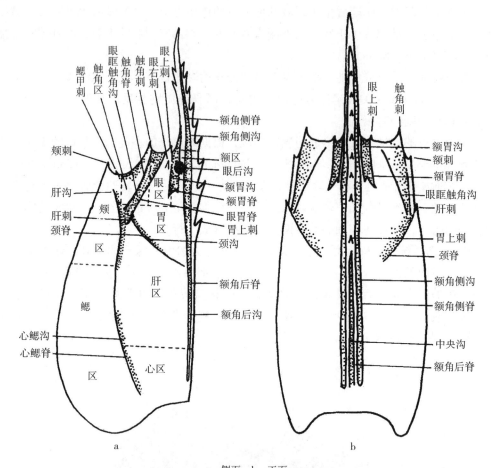

a：侧面；b：正面

图 9-20 虾类头胸甲各部分示意

雌性具卵巢 1 对。雌性生殖孔位于第 3 对步足基部内侧。第 4 步足和第 5 步足间的腹甲上有一椭圆形的受精囊。

E. 消化系统。用镊子轻轻移去生殖腺，可见其下方左右两侧各有一团黄褐色腺体，即为肝脏。

F. 排泄系统。剪去胃和肝，在头部腹面大触角基部外骨骼内方，可见到一团扁圆形腺体即触角腺，为对虾的排泄器官。生活时呈绿色，又称绿腺。

G. 神经系统。具链状神经系统。观看视频，学习神经系统的组成。

H. 感觉器官。具复眼 1 对，位于头部前端，具柄能转动。平衡囊位于小触角基部内，内有平衡石和刚毛，司平衡。

10. 中国对虾外部形态

各附肢的位置、名称、数量（对虾）见表 9-4。

表9-4 中国对虾各附肢

体节和附肢	头胸部		腹部		合计
	头部	胸部	第1～6节	尾节	
体节数量	5节或6节	8节	6节	1节	20节或21节
附肢数量	5对	8对	5对	1对	19对
附肢名称	第1触角、第2触角、大颚、第1小颚、第2小颚	1～3对颚足，1～5对步足	1～5对游泳足	尾肢	—
附肢功能	司嗅觉和身体平衡，咀嚼*，摄食*，呼吸*	颚足的功能为摄食*和游泳*，步足的功能为摄食和爬行	游泳	升降，跳跃	—

*：组成口器

中国对虾组成口器的6对附肢及口器见图9-21。

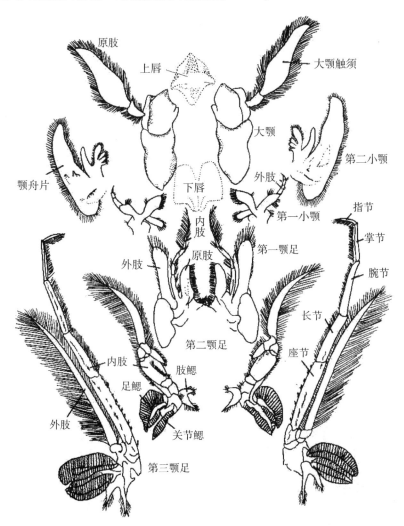

图9-21 中国对虾组成口器的6对附肢及口器

中国对虾的副性征见图9-22。

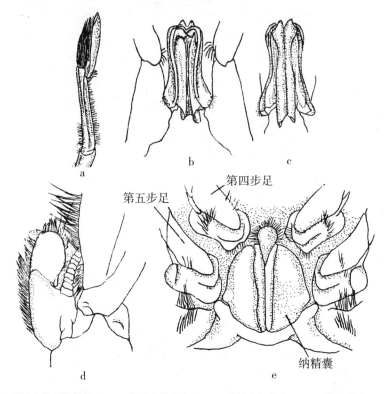

a：雄性第三颚足末端两节外侧面；b：雄性交接器腹面；c：雄性交接器背面；d：雄性附肢；e：雌性交接器

图9-22 中国对虾的副性征

五、实验内容

1. 外形观察

认真观察提供的实物标本、示范标本的种类和外形特征，熟悉各主要特征，掌握不同种类的特点，区别不同的种类。

2. 罗氏沼虾、对虾等虾类形态观察和内部结构观察

（1）认真观察罗氏沼虾、凡纳滨对虾等的形态和内部结构。
（2）完整分离罗氏沼虾一侧附肢。
（3）对虾内部各组织器官识别。
（4）其他虾类的观察。

3. 学习检索表

利用检索表观察各标本。

六、课堂作业

（1）完整分离罗氏沼虾一侧附肢贴于 A4 纸上，并说明各部分名称。

（2）将解剖的虾的外部和内部主要器官，逐个用纸签标出，并列出各部分的名称，由教师检查结果。

七、课后作业

（1）简述虾类的主要特征。

（2）简述虾类形态和内部结构特点。

（3）生活中常见的几种对虾的分类地位怎样？游泳亚目主要分为哪几类？如何区别？

（4）绘制虾类的外部形态示意图。

（5）尝试编制所观察到的虾类的检索表。

实验十　虾类血淋巴光镜的观察和检测

一、实验目的

（1）掌握虾类采血技术。
（2）掌握虾类血细胞的染色方法和检测技术。

二、实验对象

凡纳滨对虾、罗氏沼虾。

三、实验工具

1 mL 一次性注射器、EP 管、抗凝剂、Giemsa 染液、显微镜、香柏油、载玻片、盖玻片、计数器、小滴管、蒸馏水、10% 甲醛固定液。

四、虾蟹简介

1. 虾蟹的免疫机制

虾类和蟹类都属于甲壳纲。甲壳动物于 20 余亿年前出现，如今仍在世界各地不同的生态系统中扮演着重要角色。在对各种环境的适应中，甲壳动物进化出了一套有效的机体免疫防御机制。以往，对甲壳动物免疫机制的研究主要集中在鲎身上。近年来，随着虾蟹养殖业的快速发展，其免疫学研究开始受到国内外学者的广泛重视。

不同于高等的脊椎动物，虾蟹虽然含有类似免疫球蛋白的蛋白质，但没有抗原抗体免疫系统。在虾蟹的免疫防御中，最重要的是血液系统，包括血细胞（haemocytes）和体液因子。

虾蟹的血细胞参与多项免疫功能，合成、储存许多与免疫相关的体液因子，在甲壳动物免疫反应中起关键作用。目前，研究者通常根据细胞形态将虾蟹的血细胞分成 3 类：颗粒细胞（granular cell, GC）、半颗粒细胞（semigranular cell, sGC）和透明细胞（hyaline cell, HC）。

研究发现，在虾蟹免疫反应中，血细胞主要参与4个防御过程：血液凝结（clotting）、吞噬作用（phagocytosis）、包囊作用及结节形成（encapsulated and formation of nodus）、伤口修复（healing of wound）。

水产甲壳动物免疫防御相关体液因子的研究主要集中在酚氧化物酶原活化系统（proposystem）、凝集素（agglutininor leetins）家族和溶菌酶（lysozyme）、抗菌肽（antimierobialpeptides）等方面。

无脊椎动物没有真正的抗体和获得性免疫系统，仅能依赖于先天性免疫来抵御外来微生物的感染和异物的入侵。虾类免疫以非特异的细胞免疫为主，因此，血细胞在虾类免疫防御机制中扮演关键角色。观察血细胞的形态能为我们提供虾类免疫防御的重要信息。

2. 虾的循环系统

虾的血液循环属于开管式循环。动脉系统包括心脏和一系列动脉管，静脉系统包括血窦和围心腔。心脏呈囊状，位于头胸部后端背面的围心腔中，心孔有4对，心孔有瓣膜以防止血液倒流。中央动脉有1支，很退化，从心脏前端中央发出。前侧动脉有1对，发达，从心脏前端中央动脉两侧发出，供胃、大颚、触角、复眼及脑神经节血液。肝动脉有1对，由心脏腹面近前方发出，随即进入肝胰脏。中央后动脉有1支，很发达，由心脏后端中央发出，向后延伸至第6腹节后方。中央后动脉于每腹节各发出1对体节动脉，供给消化道、肌肉及游泳肢血液。胸动脉有1支，从中央后动脉近基部处发出，向下绕过消化道左侧，穿过胸神经链的动脉孔，到达腹面，然后，分为2支：前支为胸下动脉，供给胸肢血液；后支为腹下动脉，延伸到第1腹体节后方为止。

血窦主要有头血窦、胸血窦和腹血窦。头血窦位于头部背方，收集头部血液；胸血窦最大，位于胸部腹甲以上区域，收集胸部器官及胸肢血液；腹血窦分为腹上血窦和腹下血窦，收集腹部器官、游泳肢及尾肢的血液。各血窦均汇入胸血窦然后入鳃进行气体交换。

围心腔也称围心窦，包围心脏，围心腔血液经心孔进入心脏。

血液由血浆和血细胞组成，血浆中含血清蛋白，血细胞分为透明细胞、半颗粒细胞和颗粒细胞3类。

虾蟹的免疫系统主要包括细胞免疫和体液免疫，血细胞不仅是主要的免疫细胞，而且大部分起免疫功能的体液性成分也是由血细胞储存或分泌的。在虾蟹的免疫过程中，血细胞起着至关重要的作用。目前，虾蟹血细胞的分类及其免疫功能研究还很不充分，已有的研究结果很难统一。了解不同类型的血细胞在虾蟹免疫中所起的作用及其生化机理，并进一步在分子水平研究血细胞内各种免疫因子与其免疫功能之间的关系将是今后虾蟹免疫学研究的重点。

3. 虾蟹类血细胞

学术界对虾蟹类血细胞分类与组成研究存在较大的分歧，Lorena Vazquez 等将罗氏沼虾的血细胞分为透明细胞、颗粒细胞和未分化细胞 3 类，3 类细胞所占比例分别为 70%、20% 和 10%。陈孝煊等将克氏原螯虾血细胞分为 3 类：透明细胞、小颗粒细胞和颗粒细胞，占血细胞总量的百分比分别为 10.21%、74.41% 和 15.48%。此外，还有许多学者对其他虾蟹类血细胞进行了研究，并持有各自不同的观点。

各种血细胞的形态特点可借助光学显微镜进行观察。

在光学显微镜下对虾蟹血细胞的细胞形态和染色特点进行观察比较，根据细胞中颗粒的大小、数量和密度以及细胞的核质比，可将虾蟹的血细胞分为 3 类：颗粒细胞、半颗粒细胞和透明细胞。这 3 类血细胞具有如下共同特点。

（1）透明细胞体积较小。细胞核所占比例较大，细胞质通常无色透明，有时几不可见，胞质中不含颗粒或仅见一至数个颗粒。

（2）半颗粒细胞体积比透明细胞大。细胞质明显可见，胞质中含有数量不等的颗粒，以小颗粒为主，颗粒密度较低。

（3）颗粒细胞体积最大。细胞核所占比例最小（即核质比最小）；胞质中充满大量的大颗粒，颗粒密度较高。

以南美白对虾为例，介绍其血细胞染色方法（图 10-1）：将 2 份混合染液与 1 份 PBS 充分混匀后，对血涂片进行染色，染色时间为 15 min，以清水冲洗脱色。

染色后各类血细胞的细胞形态和染色特点如下。

（1）颗粒细胞。细胞长径为 9.9 μm ± 1.3 μm，短径为 7.1 μm ± 0.9 μm。细胞核呈蓝色，细胞质呈淡紫色。核质比为 0.72 ± 0.10。胞质中含有大量红色和蓝紫色颗粒。

（2）半颗粒细胞。细胞长径为 8.0 μm ± 1.2 μm，短径为 6.5 μm ± 1.4 μm。细胞核呈淡蓝色，细胞质呈无色。核质比为 0.81 ± 0.06。胞质中含有一定数量的蓝色颗粒。

（3）透明细胞。细胞长径为 6.7 μm ± 1.3 μm，短径为 5.9 μm ± 1.5 μm。细胞核呈淡蓝色，细胞质呈无色。核质比为 0.99 ± 0.04。胞质中无明显颗粒或仅有 1 个至数个红色小颗粒。

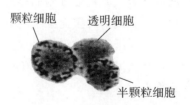

图 10-1　南美白对虾血细胞

五、实验内容

1. 虾的采血方法

将虾、蟹体外洗净,在虾的腹节接口处用75%乙醇溶液进行消毒。用注射器刺入虾蟹体内 7～10 mm,抽取血液。

2. 血细胞计数

采取血液,应用血球计数板在光学显微镜下直接计数,计算平均值。

3. 血涂片制作

取1滴血,滴于洁净无油脂的载玻片一端。左手持载玻片,右手再取边缘光滑的另一片载玻片作为推片。将推片边缘置于血滴前方,然后向后拉,当与血滴接触后,血即均匀附在2片载玻片之间。此后,将推片边缘置于血滴前方,轻轻向后拉。推片与血滴接触后,血即均匀地附在2片玻片之间。然后,将推片以30°～45°平稳地推至载玻片的另一端。推时角度要一致,用力应均匀,即推出均匀的血膜(血膜不宜过厚或过薄)。将制好的血涂片晾干,不可加热。

(1) 固定与染色。血涂片必须充分晾干,否则染色时容易脱落。固定时用小玻棒蘸甲醇或无水酒精在薄血膜上轻轻抹过。如薄、厚血膜在同一块载玻片上,须注意切勿将固定液带到厚血膜上,因厚血膜固定之前必须先进行溶血。可用滴管滴水于厚血膜上,待血膜呈灰白色时,将水倒去,晾干。在稀释各种染液和冲洗血膜时,如用缓冲液则染色效果更佳。

(2) 姬姆萨染色法。用小滴管将姬姆萨染液滴于血涂片上,覆盖血涂片,静置10～15 min。然后用蒸馏水冲洗。冲洗血膜时应将玻璃片持平,冲洗后斜置血涂片于空气中干燥。或先用滤纸吸取水分迅速干燥,即可进行镜检。此法染色效果良好,血膜褪色较慢,保存时间较久,但染色用时较长。

(3) 染色方法。用pH为7.0～7.2的缓冲液将姬氏液稀释,比例为15～20份缓冲液加1份姬氏染液。用蜡笔画出染色范围,将稀释的姬氏染液滴于已固定的薄、厚血膜上,染色0.5 h(室温),再用上述缓冲液冲洗。血片晾干后进行镜检。

4. 油镜观察

血涂片置在油镜下观察,主要观察血细胞的形态特征(细胞的核质比、胞质中颗粒的大小、密度)和染色特点(胞质颗粒、细胞核和细胞质的着色情况),对血细胞进行分类统计。

5. 血细胞观察结果的数据统计

采用 SPSS10.0 统计软件对数据进行多因素方差分析。

六、作业

（1）简述虾采血方法的主要操作步骤。
（2）观察记录和分析虾血细胞形态特点和染色特点。

实验十一 蟹类生物学研究
——外部形态和内部解剖观察及采血技术

一、实验目的

（1）练习和掌握蟹类血液采集技术。
（2）了解和掌握节肢动物爬行亚目短尾派的外部形态和内部结构特点。
（3）辨别常见经济蟹类。

二、实验材料

（1）远海梭子蟹活体。
（2）常见蟹类固定标本。

三、实验工具

剪刀、镊子、解剖针、放大镜、白瓷盘、吸水纸、1 mL 注射器、EP 管、抗凝剂。

四、蟹类简介

（一）**蟹类动物分类**

1. **爬行亚目**（Reptantia）

爬行亚目体多背腹平扁。步足较大，第一对通常特别粗大，基节与座节愈合。其余各步足通常也愈合。腹部通常退化或全缺，很少用作游泳器官。雌性生殖孔开口在第三步足底节或该节的腹甲上。

爬行亚目的种类繁多，变化复杂，通常可分为 4 个派。各派检索如下。

1（4）第 3 步足形状和第 1 步足相同；腹部比较发达，长直而对称

2（3）额角短小或无；头胸甲与口前板愈合；尾肢的外肢不具横缝；步足全部简单或呈钳状 ··· 龙虾派（Palinura）

3（2）额角发达；头胸甲与口前板分离；尾肢的外肢有一横缝；前 3 对步足呈钳状 ··· 螯虾派（Astacurs）

4（1）第 3 步足形状不同于第 1 步足；腹部不发达，极少有延长者

5（6）腹部略有退化，很少有伸直和对称者；通常具尾肢；第 2 触角在眼的外侧；第 3 颚足通常较窄；第 5 步足的形状、大小通常和第 3 步足不同 ······················ 异尾派（Anomura）

6（5）腹部短小但对称，曲折于胸部下方；无尾肢；第 2 触角在两眼之间；第 3 颚足较宽；第 5 步足和第 3 步足通常相同 ··· 短尾派（Brachyura）

2. 短尾派（Brachyura）

体平扁。头胸甲与口前板愈合。腹部短小而对称，曲折于胸下，无尾扇。颚足的外肢具鞭。向内弯曲。第一步足呈钳状，第三步足不呈钳状。腹肢无内附肢。

短尾派是真正的蟹类，由于腹部明显退化，曲折于头胸部的下方，因而使其能更好地适应于不同的栖息环境。蟹类绝大多数生活于海洋中，少数生活于淡水中，还有一些种类为水陆两栖或在陆上穴居，但产卵和幼体发育仍须在海水中进行。

短尾派通常分成 5 个亚派，各亚派检索如下。

1（4）口腔呈三角形，前端窄；雌性不具第一腹肢；鳃数较少

2（3）胸部末节之腹甲较窄呈脊状；末对步足在身体的背面；雌性生殖孔在步足的底节上 ··· 蛙蟹亚派（Gymnopleura）

3（2）胸部末节的腹甲较宽；末对步足位置正常或末 2 对在身体的背面；雌性生殖孔在腹甲上 ··· 尖口亚派（Oxystomata）

4（1）口腔略呈方形

5（6）末对步足变形，在身体的背面；雌性生殖孔在步足底节上；雌性具第 1 腹肢；鳃数较多 ··· 绵蟹亚派（Dromiacea）

6（5）末对步足正常，很少有退化者，也不在身体的背面；雌性生殖孔在腹甲上；雌性不具第 1 腹肢；鳃数较少

7（8）头胸甲略呈三角形，额区向前突出，形成额角；眼窝不完全 ······ 尖额亚派（Oxyrhyncha）

8（7）头胸甲呈方形、圆形或卵圆形，宽大于长；额角退化或无；眼窝发达 ··· 方额亚派（Branchyrhyncha）

3. 方额亚派（Brachyrhyncha）

头胸甲呈卵圆形、圆形或方形，宽大于长。额角退化或无，口前板发达，口腔呈方形。眼窝多完整。雄孔在腹甲或底节上。本类包括蟹类中的主要经济种类。常见科检索如下。

1（10）第三颚足腕节接于长节的内末角；头胸甲圆形或横卵圆形；雄孔在底节上；右螯通常大于左螯

2（3）末对步足扁平，适于游泳，第一颚足内肢的内角有一小叶；第一触角斜折或横折 ………………………………………………………………………………… 梭子蟹科（Portunidae）

3（2）末对步足不适于游泳；第1颚足内肢的内角不具内叶

4（7）鳃区不特别臃肿；海产种类

5（6）头胸甲呈横卵圆形，或前部加宽；雄孔很少开口于腹甲上 ………… 扇蟹科（Xanthidae）

6（5）头胸甲呈方形或四边形；雄孔开于腹甲或经由腹甲上的沟开于底节 ………………………………………………………………………………… 长脚蟹科（Goneplacidae）

7（4）鳃区特别臃肿；淡水产；体呈方形；雄孔在底节上

8（9）头胸甲前侧缘具2～4齿；雄性腹部第5～6节具一束腰 … 束腰蟹科（Parathelphusidae）

9（8）头胸甲前侧缘无明显的齿；雄性腹部第5～6节无束腰，雄性第1腹肢末节短 ………………………………………………………………………………… 华溪蟹科（Sinopotamidae）

10（1）第三颚足的腕节与长节相接处不在长节的内末角；头胸甲一般呈方形或近方形；雄孔在腹甲上

11（12）小型共生蟹类；眼和眼窝很小；身体或多或少呈圆形或横卵圆形 ………………………………………………………………………………… 豆蟹科（Pinnotheridae）

12（11）自由生活的蟹类；眼特别退化；头胸甲通常呈方形

13（16）第三颚足几乎完全覆盖口腔；额中等宽或很窄

14（15）头胸甲呈方形或长方形，很少有近圆形的；口腔正常；眼窝长而斜，几乎占据了头胸甲的前缘 …………………………………………………………………… 沙蟹科（Ocypodidae）

15（14）头胸甲略呈球形；口腔特别大；第三颚足很宽，外肢很细，完全隐藏；无眼窝 ………………………………………………………………………………… 和尚蟹科（Mictyridae）

16（13）第三颚足或多或少具空隙，额中等宽或很宽；头胸甲略呈方形，额很宽 ………………………………………………………………………………… 方蟹科（Grapsidae）

4. 梭子蟹科（Portunidae）

头胸甲很宽，扁平或稍隆起，宽大于长。额宽，不向下弯，常分成齿或叶。前侧缘具2～9齿，最末齿常为头胸甲最宽处。末对步足呈桨状。至少末2节扁平，边缘具毛，适于游泳。雄性生殖孔开口于步足底节。海产种类或河口性种类。常见属检索如下。

1 (2) 头胸甲相对较窄；仅有1对步足与螯足近等长，头胸甲前侧缘具5齿，末齿不特别大 ··· 圆趾蟹属（Ovalipes）

2 (1) 头胸甲较宽。螯足长于所有步足

3 (6) 前侧缘的齿多于7个

4 (5) 头胸甲的表面光滑，分区模糊；螯足掌部肿胀，光滑，无锐的隆脊 ········ 青蟹属（Scylla）

5 (4) 头胸甲表面分区清楚；螯足掌部膨胀不明显，通常具颗粒或隆脊；头胸甲宽比长大得多，最后一齿明显大于其余各齿 ··· 梭子蟹属（Portunus）

6 (3) 前侧缘齿为7个或少于7个

7 (8) 额眼窝甚小于头胸甲最大宽度，前侧缘具6齿 ································· 蟳属（Charybdis）

8 (7) 额眼窝稍小于头胸甲最大宽度，前侧缘具5齿，第4齿小或退化 ··· 短桨蟹属（Thalamita）

（二）短尾派分类

1. 蛙蟹亚派（Gymnopleura）

常见蛙蟹亚派种类见图11-1～图11-3。

图11-1 蛙蟹
（*Ranina ranina*）

图11-2 背足蟹
（*Notopus dorsipes*）

图11-3 三齿琵琶蟹
（*Lyreidus tidentotus*）

2. 绵蟹亚派（Dromiacea）

（1）绵蟹科（Dromiidae）。常见绵蟹科种类有绵蟹（*Dromia dehaani*）（图11-4）。

图11-4　绵蟹（*Dromia dehaani*）

（2）人面蟹科（Homolidae）。常见人面蟹种类的有东方人面蟹（*Homola orientalis*）（图11-5）。

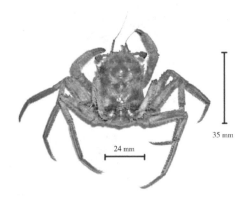

图11-5　东方人面蟹（*Homola orientalis*）

3. 尖口亚派（Oxystomata）

（1）关公蟹科（Dorippidae）。常见关公蟹科种类有日本关公蟹（图11-6）和背足关公蟹。

图11-6 日本关公蟹

（2）玉蟹科（Leucosiidae）。常见玉蟹科种类见图11-7～图11-11。

图11-7 栗壳蟹属　　　图11-8 遁形长臂蟹　　　图11-9 豆形拳蟹
（Arcania）　　　　　（Myra fugax）　　　　　（Philyra pi）

 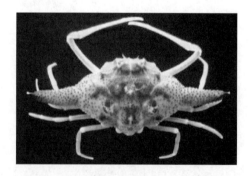

图11-10 玉蟹属（Leucosia）　　　图11-11 筒状飞轮蟹（Ixa cylindrus）

（3）馒头蟹科（Calappidae）。常见馒头蟹属（Calappa）种类见图11-12和图11-13。

图11-12 卷曲馒头蟹（*Calappa lophos*）

图11-13 逍遥馒头蟹（*Calappa philargius*）

A. 虎头蟹属（*Orithyia*）。乳斑虎头蟹（*Orithyia mammillaris*），又称中华虎头蟹（*Orithyia sinica*），其英文名为Chinese tigerhead crab（图11-14）。

图11-14 乳斑虎头蟹

B. 黎明蟹属（*Matuta*）。常见黎明蟹属的种类见图11-15和图11-16。

图11-15 红线黎明蟹
（*Matuta planipes*）

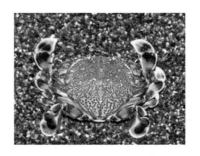
图11-16 红点黎明蟹
（*Matuta lunaris*）

4. 尖额亚派（Oxyrhyncha）

（1）蜘蛛蟹科（Majidae）。常见蜘蛛蟹科种类见图 11 – 17 ～ 图 11 – 21。

图 11 – 17　四齿矶蟹（*Pugettia quadridens*）

图 11 – 18　马面蟹属（*Micippe*）

图 11 – 19　蜘蛛蟹（*Maja*）

图 11 – 20　*Naxioides robillardi*

图 11 – 21　*Achaeus spinosus*

（2）棱蟹科（Parthenopidae）。常见棱蟹科种类见图 11 – 22 和图 11 – 23。

图 11-22 紧握蟹（*Parthenope*）

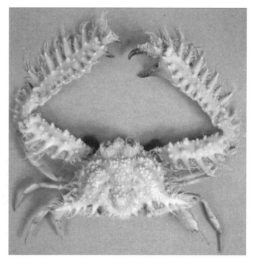

图 11-23 菱蟹属（*Daldorfia horrida*）

5. 方额亚派（Brachyrhyncha）

（1）梭子蟹科（Portunidae）。

A. 圆趾蟹属（*Ovalipes*）。常见圆趾蟹属种类见图 11-24。

图 11-24 虹色圆趾蟹（*Ovalipes iridescens*）

B. 青蟹属（*Scylla*）。常见青蟹属种类有锯缘青蟹（*Scylla serrata*）（图 11 - 25）。

图 11 - 25　锯缘青蟹（*Scylla serrata*）

C. 梭子蟹属（*Portunus*）。常见梭子蟹属种类见图 11 - 26 ~ 图 11 - 28。

图 11 - 26　三疣梭子蟹
（*Portunus trituberculatus*）

图 11 - 27　远海梭子蟹
（*Portunus pelagicus*）

图 11 - 28　红星梭子蟹（*Portunus sanguinolentus*）

D. 蟳属（*Charybdis*）。常见蟳属种类见图 11-29 ～ 图 11-33。

图 11-29　日本蟳（*Charybdis japonica*）

图 11-30　斑纹蟳（*Charybdis feriatus*）

图 11-31　锈斑蟳（*Charybdis cruciate*）

图 11-32　钝齿蟳（*Charybdis hellerii*）

图 11-33　短桨蟹属（*Thalamita*）

（2）扇蟹科（Xanthidae）。常见扇蟹科种类见图 11-34 ～ 图 11-38。

图 11-34 毛糙仿银杏蟹
(*Actaeodes hirsutissimus*)

图 11-35 花纹爱洁蟹
(*Atergatis floridus*)

图 11-36 标记近爱洁蟹
(*Atergatopsis signatus*)

图 11-37 莫氏鳞斑蟹
(*Demania mortenseni*)

图 11-38 瓢蟹 (*Carpilius*)

（3）束腹蟹科（Parathelphusidae）。束腹蟹科常见种类见图 11-39 和图 11-40。

图 11-39　台湾束腰蟹
（*Somanniathelphusa taiwanensis*）

图 11-40　云南华溪蟹
（*Sinopotamon yunnanense*）

（4）沙蟹科（Ocypodidae）。

A. 大眼蟹属（*Macrophthalmus*）（图 11-41 和图11-42）。

图 11-41　日本大眼蟹
（*Macrophthalmus japonicus*）

图 11-42　白短大眼蟹
（*Macrophthalmus*）

B. 沙蟹属（*Ocypode*）。常见沙蟹属种类见图 11-43 和图 11-44。

图 11-43　掌痕沙蟹（*Ocypode stimpsoni*）

图 11-44　沙蟹（*Ocypode*）

C. 招潮蟹属（*Uca*）常见招潮蟹属种类见图 11-45～图 11-47。

图 11-45 弧边招潮蟹（*Uca arcua*）

图 11-46 粗腿绿眼招潮蟹
（*Uca chlorophthalmus crassipes*）

图 11-47 四角招潮蟹（*Uca tetragonon*）

（5）方蟹科（Grapsidae）。

A. 相手蟹属（*Sesarma*）。常见相手蟹属种类见图 11-48。

图 11-48 无齿相手蟹（*Sesarma dehaani*）

B. 厚蟹属（*Helice*）。常见厚蟹属种类见图 11 – 49。

图 11 – 49　天津厚蟹（*Helice tridens tientsinensis*）

C. 绒螯蟹属（*Eriocheir*）。常见绒螯蟹属种类见图 11 – 50。

图 11 – 50　中华绒螯蟹（*Eriocheir sinensis*）

（三）短尾派的外形

1. 形态构造

体分头胸部和腹部，头胸部背面有头胸甲覆盖，头胸甲表面起伏不平，形成若干区域，这些区域和内脏器官的位置相适应，即分别为胃、心、肠、肝和鳃区。

头胸甲的边缘可分为额缘、眼缘、前侧缘、后侧缘和后缘。腹面的前部可分为颊区、下肝区和口前部。头胸甲腹面后部覆有腹甲，分 7 节，前 3 节常愈合，第 4～7 节清晰。腹甲扁平，曲折于头胸部的腹面，雄性的较窄长，呈三角形；雌性的为圆形，遮住胸部腹甲。通常雌性的腹甲在第 5 节，雄性的腹甲在第 7 节。雄性的第 7 节腹甲上有一对生殖孔。

2. 附肢

短尾类的头部有 5 对附肢,即第 1 触角和第 2 触角、大颚、第 1 小颚和第 2 小颚。第 2 触角的位置及基节的形状,常为分类的依据。

胸部具 8 对附肢,前 3 对为颚足,与头部后 3 对附肢组成口器,后 5 对为胸足,其中的第 1 对呈钳状称螯足,具御敌和助食等功能,后 4 对用作步行称步足,其中的第 5 对步足末端呈桨状,又称游泳足。一些低等的种类后第 1、2 对步足常退化,置于背上,用以钳住海绵、贝壳等类物品,起到隐蔽作用。

腹部附肢两性各异,雄性仅留第 1 和第 2 对,组成交接器,为分类的重要依据;雌性共 4 对,存在于第 2 至第 5 腹节上,分内、外两肢,上生刚毛,以黏附卵粒。

短尾类的鳃可根据着生部位,分为侧鳃、关节鳃、足鳃和肢鳃 4 种,大部分蟹类为 6~8 对,是分类的重要依据之一。

用以爬行的胸部附肢称作步足。模式步足共有 7 节,依次为:基节、底节、座节、长节、腕节、掌节和指节(图 11-51)。

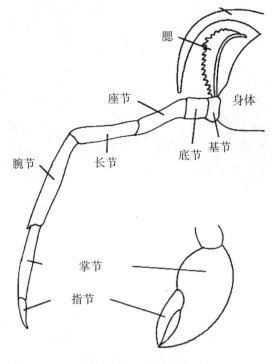

图 11-51 步足模式

（四）蟹的外部形态和内部构造

1. 背面观

蟹的背面观（external anatomy-dorsal view）见图 11-52。

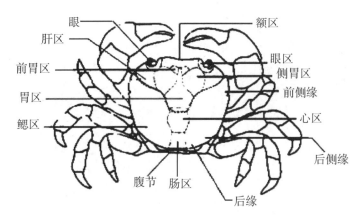

图 11-52　蟹的背面观

2. 腹面观

蟹的腹面观（external anatomy-ventral view）见图 11-53。

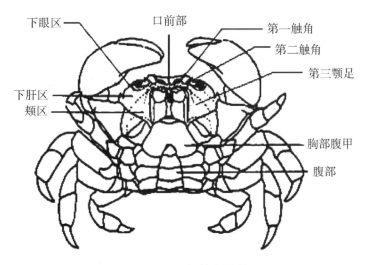

图 11-53　蟹的腹面观

3. 内部构造

蟹的内部构造（internal anatomy）见图11-54。

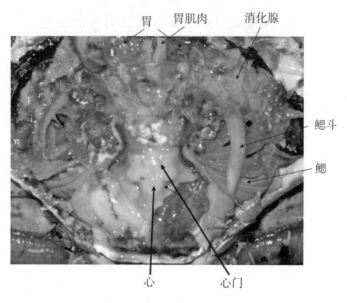

图11-54 蟹的内部构造

五、实验内容

1. 蟹类采血练习

从其步足基关节处抽取血淋巴液。

甲壳动物的血液含铜蓝蛋白，呈白色或无色。蓝色血液为氧化或者还原态的色泽。血蓝蛋白（hemocyanin）是昆虫和甲壳类动物中存在的血蓝质。

三疣梭子蟹雄蟹血清呈无色，雌蟹血清呈浅蓝色。

2. 蟹类血细胞观察

制作血涂片，染色后观察。

3. 蟹类外部形态观察

（1）蟹雌雄鉴别。
（2）蟹生物学特性测定（测定甲长、甲宽、体重等）。
A. 甲长：头胸甲前缘至后缘中线的长度。
B. 甲宽：头胸甲最宽处的长度。
（3）认真观察蟹外部形态，参照图示资料识别外部结构。

4. 蟹类附肢的观察

蟹类的附肢包括第 1 触角、第 2 触角、大颚、第 1 小颚、第 2 小颚、第 1 颚足、第 2 颚足、第 3 颚足、螯足、第 1 步足、第 2 步足、第 3 步足、雄性第 1 腹肢、雄性第 2 附肢、雄性腹部，或雌性第 2 附肢、雌性腹部。

5. 蟹类内部结构观察

（1）翻转蟹使背部朝上，用剪刀沿着甲壳边缘小心剪开，不要损伤内部组织器官，用解剖刀分离，小心移去甲壳，暴露内部组织和器官。
（2）对照提供的图示资料，认真仔细观察内部结构，分辨各器官和各系统。

六、课堂作业

课堂上完成以下作业，教师当场打分评价。
（1）观察蟹血细胞染色结果。
（2）绘出蟹附肢各节示意图。
（3）阐述蟹内部器官。
（4）识别蟹类常见标本。

七、课后作业

（1）简述短尾派种类的外部形态和内部结构特点。
（2）节肢动物步足常分为哪几节？
（3）比较常见蟹类并简述各自的分类地位。

实验十二　海洋鱼类综合性实验

一、实验目的

（1）掌握鱼类生物学研究的取样和测定方法。
（2）利用鳞片等鉴定鱼类年龄，了解年轮的形成。
（3）通过观察和解剖鱼类固定标本和活体标本，了解鱼类的外部形态和内部结构特点。
（4）掌握鱼类采血方法。

二、实验材料

花鲈（*Lateolabrax maculatus*）和加州鲈（*Micropterus salmoides*）。

三、实验工具

解剖工具（剪刀、镊子）、显微镜、解剖镜、放大镜、载玻片、盖玻片、直尺、培养皿、蒸馏水、吉姆萨染液。

四、鱼类简介

1. 鱼类的基本定义

鱼类通常指终生生活在水中，大多数具有鳞片，用鳃呼吸、用鳍作为运动器官的变温性脊椎动物。狭义上说，鱼类只包括软骨鱼类和硬骨鱼类。

2. 鱼类与其他动物的主要区别

（1）具能活动的上、下颌。
（2）具成对的附肢（胸、腹鳍）。
（3）以脊柱代替脊索，脊椎的脊体为双凹型。
（4）终生以鳃呼吸。

(5) 大多数种类有鳞片。

(6) 终生生活在水中。

3. 鱼类的系统分类

现存的鱼类主要分为软骨鱼类和硬骨鱼类。在进化上,软骨鱼类出现得比硬骨鱼类早。进化顺序依次为:原始无颌类→软骨鱼类→软骨硬鳞鱼类→硬骨硬鳞鱼类→真骨鱼类。

鱼类主要包括三个亚纲:全头亚纲、板鳃亚纲和辐鳍亚纲。

4. 鱼类的基本体型

鱼类的基本体型大致上可分为 5 类。

(1) 纺锤型(fusiform)。

(2) 侧扁型(compressiform)。

(3) 扁平型(depressiform)。

(4) 鳗型或棒型(anguiliform)。

(5) 其他型(other form)。

5. 鱼类的生物学特性

(1) 常见鱼类的外形。常见鱼类的外形结构见图 12-1。

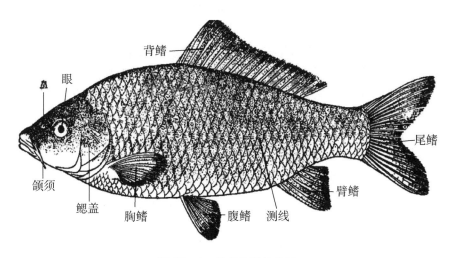

图 12-1 常见鱼类的外形

(2) 鱼类外部形态测量项目。10 m 以下标本以 mm 为计量单位,10 m 以上者以 cm 为计量单位。

A. 全长:自吻端至尾鳍末端的直线长度。

B. 体长或标准长:自吻端至尾鳍基部最后 1 枚椎骨的末端或到尾鳍基部的垂直

距离。

 C. 叉长：由吻端至尾叉最凹处的直线长。

 D. 头长：自吻端至鳃盖骨后缘的垂直距离；鲨、鳐类至最后一个鳃孔后缘。

 E. 吻长：自吻端或上颌前缘至眼前缘的垂直距离。

 F. 眼径：眼水平方向前后缘的最大距离。

 G. 眼间距：头背部两眼间的最大距离。

 H. 眼后头长：自眼后缘至鳃盖骨后缘的垂直距离（鲨、鳐类自眼后缘至最后一个鳃孔后缘距离）。

 I. 口裂长：由上颌前端量至口角的距离。

 J. 口长：上颌正中至口角处的垂直距离。

 K. 躯干长：自鳃盖骨后缘（或最后一个鳃孔）至肛门（或生殖腔）后缘的垂直距离。

 L. 体高：鱼体最高处的垂直距离。

 M. 体宽：鱼体左右侧的最大距离。

 N. 尾部长：自肛门（或泄殖腔）后缘至最后一椎骨（用手拿尾鳍向上折弯处）的垂直距离。

 O. 尾柄长：自臀鳍基底后缘至尾鳍基部（最后一枚椎骨）的垂直距离。

 P. 尾柄高：尾柄部最低的垂直高度。

 Q. 尾鳍长：尾鳍基部至尾鳍末端的垂直距离。

（3）鱼类的口形。硬骨鱼类口的位置和形状变化较大，依口的位置和上下颌长短，可分为上位口、下位口及端位口 3 种基本口型。

上位口多属于以食浮游生物为主的中上层鱼类，通常下颌稍长，如鳉、鱵（*Hyporhamphus*）等，但也有肉食性的底层鱼，如鮟鱇。端口位的鱼类最多，一般为捕食性的中上层鱼类，如鲐、马鲛等。下口位的鱼类一般多生活于水体的中下层，以底栖生物为食。

（4）鱼类的鳍（fin）。鱼类的鳍通常分布在躯干部和尾部，是鱼体运动和维持身体平衡的主要器官。

鱼类的鳍可分为奇鳍（median fin）和偶鳍（paired fin）2 类。

奇鳍不成对，位于身体正中，包括背鳍（dorsal fin）、臀鳍（anal fin）和尾鳍（caudal fin）。

偶鳍均成对存在，位于身体两侧，包括胸鳍（pectoral fin）和腹鳍（ventral fin）。

上述各鳍均以其着生于体躯上的位置而命名。

除了上述 5 种鳍，有些种类还具小鳍（副鳍，finlet）或脂鳍（adipose fin）。

6. 鱼类生长研究

养殖鱼类可直接进行实验观察。在自然条件下，可采用标志放流的方法。该方法是将所研究的鱼类捕获后进行测量、标识，然后放回海中间隔一定时间后重新捕获，便可测知它们在这段时间的生长情况。更常用的方法是根据鱼类身上的鳞片、耳石、鳍片、骨骼等硬组织测定年轮及其间隔宽度。在这些硬组织上轮纹每年形成1个,称为年轮,相邻2个年轮的宽狭可以反映生长的快慢。

(1) 鳞片类型。根据鳞片的外形、构造和发生特点,可将鳞片划分为3种基本类型,即盾鳞(placoid scale)、硬鳞(ganoid scale)和骨鳞(bony scale),其中,骨鳞又可分为圆鳞(cycloid scale)和栉鳞(ctenoid scale)2类。

观察典型鱼类骨鳞的基本结构和分区情况方法如下。

每1个鳞片分为上下2层,上层为骨质层,比较脆薄,为骨质组成,使鳞片坚固,下层柔软,为纤维层,由成层的胶原纤维束排列而成。表面可分4区:前区,亦称基区,埋在真皮深层内;后区,亦称顶区,即未被周围鳞片覆盖的扇形区域;上、下侧区分别处于前后区之间的背、腹部。表面结构有鳞沟(辐射沟)、鳞嵴(环片)及鳞焦。依后区鳞嵴的不同结构可将骨鳞分成圆鳞和栉鳞。

A. 圆鳞。依结构的不同,圆鳞又可分3种类型。

(A) 鲤型鳞。整个鳞片表面都有鳞嵴环绕中心排列,后区鳞嵴常变异成许多瘤状突起。鳞焦偏于基区或顶区。鳞沟呈辐射状或仅向基区或顶区辐射,许多鲤科鱼类属于此型,如鲤的鳞。

(B) 鲱型鳞。鳞嵴作同心圆排列,而鳞沟呈波纹状平行排列,故鳞嵴与鳞沟几乎呈直角相交,见于鲱科鱼类,如鲥、太平洋鲱等。

(C) 鳕型鳞。鳞嵴呈小枕状,沿鳞焦作同心圆排列,鳞焦偏基区,鳞沟向四区辐射排列,如鳕科鱼类。

B. 栉鳞。根据齿突的排列方式,栉鳞可分成3种类型。

(A) 辐射型。辐射型为最常见的一种,齿突呈辐射状排列,如鲷科鱼类。

(B) 锉刀型。齿突较弱,排列零乱,不成行,如鲻科鱼类。

(C) 单列型。只有一行齿突,如鰕虎鱼科。

(2) 年轮类型。年轮在圆鳞中是封闭的,在栉鳞中不封闭,后部被细锯齿遮住。典型年轮的类型如下。

A. 鳞棘为切割型,如鲤科中大多数种类。

B. 鳞棘出现波纹断裂,如鲱科鱼类。

C. 基区弯曲,排列紧密,侧区鳞棘出现切割,如真鲷。

受到内外因素影响,鱼类会形成副轮。观察副轮和年轮的区别。

副轮的特点是:①不清晰,轮圈支离破碎;②在鳞片周围的某一区形成两三个紧密排列的环片,但不形成一个封闭的同心圆;③只在部分鳞片上看到。

用解剖镜或低倍显微镜,放大倍数以能看清环片群排列情况为佳。如未观察到年轮,则为0+。观察到1个年轮,其外方尚有若干环片为1+,依次为2+、3+等。若年轮恰在鳞片的边缘,则为1、2、3等。

(3) 鳞片的制作与观察。

A. 制作方法。

（A）盾鳞。取浸制鲨类标本，在背鳍下方，切割一小片皮肤，放入 100 mL 烧杯中，加半杯水，再加入一小勺 NaOH 或 KOH，放在电炉或煤气喷灯上加热煮沸，直到皮肤溶解为止。此时盾鳞从皮肤上脱落下来，沉淀于溶液底部。倒去上层碱液，加入清水，冲洗数次，然后将甘油与水配制成 1 : 2 溶液，盾鳞可放入此溶液中保存。

（B）骨鳞。鳞片取自鱼体背鳍下方侧线上方的位置，此区鳞片形状较典型，磨损也少。鳞片表层通常有黏液及皮肤覆盖，故需先放入碱性溶液中浸泡 24 h，然后取出用清水漂洗干净，吸干水分，最后压在 2 块载玻片中，载玻片两端用胶纸或胶布固定。

B. 鳞片的观察顺序。

（A）先用肉眼观察。鳞片在外观上可分为前、后 2 部分，前部埋入皮肤内，后部露在皮肤外，并覆盖住后 1 块鳞片的前部。比较前、后 2 部分的范围和色泽有何差别。

（B）将载玻片置于体视显微镜下，先用低倍镜观察鳞片的轮廓。前部是形成年轮的区域，亦称为顶区。上下侧称为侧区。在透明的前部，可见到清晰的环片轮纹，它们以前、后部交汇的鳞焦为圆心平行排列。

（C）将鳞片顶区和侧区的交接处移至视野中，换较高倍数镜头仔细观察，可见某些彼此平行的数行环片轮纹被鳞片前部的环片轮纹割断，这就是 1 个年轮。如果是较大的个体，在鳞片上会相应存在数个年轮。

（D）依据年轮出现的数目，推算出该鱼的年龄。

（E）鳞片结构观察。

a. 盾鳞。盾鳞为软骨鱼类所特有。用吸管吸取几颗已分散的盾鳞，放置载玻片上，用低倍显微镜观察。外形上分为 2 部分，露在皮肤外面，且尖端朝后的部分为棘突；埋在皮肤内面的部分为基板。棘突外层覆以类珐琅质，内层为齿质，中央为髓腔。基板底部有一孔，神经和血管由此通入。

b. 骨鳞。骨鳞为真骨鱼类所有。每一鳞片分为上下 2 层，上层为骨质层，比较脆薄，为骨质组成，使鳞片坚固；下层柔软，为纤维层，由成层的胶原纤维束排列而成。表面可分为 4 区：①前区，亦称基区，埋在真皮深层内。②后区，亦称顶区，即未被周围鳞片覆盖的扇形区域。③上、下侧区分别处于前后区之间的背腹部。表面结构有骨质凹沟的鳞沟（辐射沟），骨质层隆起线的鳞嵴（环片）及鳞中心位置的鳞焦。依后区鳞嵴的不同结构可将骨鳞分成圆鳞、栉鳞和侧线鳞。

（a）圆鳞。后区边缘光滑，为鲱形目、鲤形目等鱼类具有。依结构的不同又可分 3 种类型：①鲤型鳞，整个鳞片表面都有鳞嵴环绕中心排列，后区鳞嵴常变异成许多瘤状突起。鳞焦偏于基区或顶区。鳞沟辐射状或仅向基区或顶区辐射，许多鲤科鱼类属之，如鲤的鳞。②鲱型鳞，鳞嵴作同心圆排列，而鳞沟呈波纹状平行排列，故鳞嵴与鳞沟几直角相交，见于鲱科鱼类，如鲥、太平洋鲱等。③鳕型鳞，鳞嵴呈小枕状,沿鳞焦作同心圆排列,鳞焦偏基区,鳞沟向四区辐射排列,如鳕科鱼类。

(b)栉鳞。后区缘具齿状突起,手感粗糙。鳞沟仅向基区辐射。鳞焦偏顶区,如鳍科的鲈。

(c)侧线鳞。侧线鳞是被侧线管所贯穿的鳞片,从头后纵列至尾基,外观呈点线状,其数目是分类依据之一。侧线管在基区开口于外表面,在顶区开口于内表面。观察时可用 1 条黑细线穿入前后侧线鳞的侧线管中。

C. 年轮的观察。生长的周期性是鱼类的一个特点。鱼类在 1 年中通常在春季生长很快,进入秋季后生长开始转慢,冬季甚至停止生长。这种周期性不平衡的生长,也同样反映在鱼的鳞片或骨片上,具体就是指鳞片表面形成的一圈一圈的环片,这种反映在鳞片或骨片上的周期性变化可作为鱼年龄鉴定的基础。这里着重介绍鳞片的年轮及鉴定年龄的方法。

各种鱼类鳞片形成环片的具体情况不同,因而年轮特征也不同,大多数鲤科鱼类的年轮属切割型。这类鱼鳞片的环片在同一生长周期中的排列都是互相平行的,但与前后相邻的生长周期所形成的排列环片具不平行现象,即切割现象,这就是 1 个年轮。

(4)生长测定。研究年龄和体长时,使用直线函数公式表示体长和鳞长的相关性:

$$L = aR + b \tag{12-1}$$

推算各龄鱼的体长,可依鱼类的不同种类,分别采用 LEE 氏正比例公式:

$$L_n = (L/R) \times R_n \tag{12-2}$$

或用体长与鳞长关系式:

$$L_n = aR_n + b \tag{12-3}$$

分析阶段生长时,采用体长和体重的相对增长率和生长指标,如 1 龄鱼~2 龄鱼期间:

$$体长相对增长率 = (L_2 - L_1) \div L_1 \times 100 \tag{12-4}$$

$$体重相对增长率 = (W_2 - W_1) \div W_1 \times 100 \tag{12-5}$$

$$生长指标 = (\lg L_2 - \lg L_1) \div 0.4343 \times L_1 \tag{12-6}$$

采用鳞长和体长的回归公式,逆算理论体长和理论体重,推算体长与体重的相关性,然后用逆算结果计算体长与体重的相对增长率等数据。同时,对标本有 3 个龄组以上,尾数较多的鱼类进行 Von Bertalanffy 生长方程的推算,以描绘其生长型(生长曲线和生长参数)及生长速度和加速度。

(5)食性分析。选择有代表性的前后肠道内含物用 5%的福尔马林溶液固定镜检。列出食物的组成、出现率、充塞度(采用 0~5 级),同时采用平均充塞度以表示不同季节的摄食强度变化。

(6)繁殖特性。取性腺用波恩氏液固定,制作常规组织学切片。侧重于生殖周期和生殖力的分析,性腺分期采用梅因的分期标准。限于成熟个体标本的数量,在进行成熟度和成熟系数周年变化的分析时,可采用群体的成熟度分布(组成)和平均成熟系数进行统计分析。

7. 鱼类内部结构

鱼类内部结构包括骨骼系统、肌肉系统、消化系统、呼吸系统、循环系统、尿殖系统、神经系统、感觉器官和内分泌器官等。

8. 鱼类的血液

鱼类是生活在水中的低等脊椎动物，从身体组成、结构到各部分的功能，都与高等脊椎动物有很大的差别，并表现出适应于水中生活的特点。同其他动物一样，鱼类的血液也承担着体内运输、防御、免疫、体液调节及维持内环境相对稳定的功能。众多的研究证明，鱼类的血液与人们所熟悉的哺乳动物的血液相比，在血细胞的组成、结构、大小、数量、分化水平、血浆的化学成分等方面都有较大的不同。

（1）鱼类血细胞。鱼类的血细胞包括红细胞和白细胞，白细胞又有淋巴细胞、单核细胞、嗜中性粒细胞、嗜碱性粒细胞、嗜酸性粒细胞和血栓细胞。也有人认为，并不是所有的鱼类都有嗜酸性粒细胞和嗜碱性粒细胞，它们的有无随鱼种而异。

与哺乳动物血细胞组成相比，鱼类血细胞组成的最大特点，在于它不含有与哺乳动物一样的血小板，而是含有功能类似于血小板的血栓细胞。

（2）鱼类的采血技术。检查鱼类血液，对研究鱼类的分类、遗传和进化，探明鱼体的生理和病理变化，均有着极其重要的作用。因此，了解并熟练地掌握采取鱼类血液的技术，对鱼类研究工作者是非常必要的。

（3）鱼类采血：①在鱼臀鳍位置的侧线偏下进针插入尾静脉取血；②在鱼臀鳍基部进针，碰到脊椎后微偏可插入尾静脉取血；③断尾取血。剪断尾柄，用注射器或毛细管取血。

（4）血涂片制作。取 1 滴血，滴于洁净无油脂的载玻片一端。左手持载玻片，右手再取边缘光滑的另一块载玻片作为推片。将推片边缘置于血滴前方，然后向后拉。推片与血滴接触后，血即均匀附着在 2 块载玻片之间。此后，以 2 块载玻片呈 30°～45°的角度平稳地从载玻片的一端向前推至另一端。推时角度要一致，用力应均匀，即推出均匀的血膜（血膜不宜过厚或过薄）。将制好的血涂片晾干，不可加热。

五、实验内容

1. 鱼类采血技术及血细胞观察

（1）尾静脉采血。

（2）Giemsa 染色。

2. 鱼类外部形态观察和测量

（1）观察鱼类外部形态结构和特点。

（2）测量和记录鱼类外部可量可数性状。

3. 鱼类内部结构的观察

用剪刀打开鱼类腹腔，呈现内脏，认真观察辨别鱼类内部器官种类、分布和特点。

4. 鱼类年龄材料的观察和鉴定

以鱼类的鳞片年轮测定为主作为测定鱼类年龄的主要方法。观察典型鱼类鳞片的基本结构和分区情况。

5. 海洋常见经济鱼类观察

观察和记录提供的其他鱼类标本，识别海洋常见经济鱼类种类、特征、分类地位等。

六、课堂作业

（1）鱼类内部器官识别。
（2）鱼类血细胞观察。
（3）鳞片的观察。

七、课后作业

（1）测量并记录提供的鱼类标本可数可量性状。
（2）绘制鲈鱼鳞片图（栉鳞）。
（3）列举 5 种以上常见海水鱼类种类，并说明其分类地位。

实验十三　海洋动物资源调查

一、实验目的

掌握不同海洋动物资源调查的方法和内容。

二、实验内容

1. 海洋动物资源市场调查

在珠海市唐家市场、朝阳市场进行海洋生物资源（鱼、虾、蟹、贝）的调查和分析。

（1）两个市场采样调查。实地采样、现场采访、样品现场采集和固定保存（取组织放 EP 管中以液氮保存或以酒精保存）。

（2）将以每个市场采集的样本分为鱼、虾、螺贝、蟹等种类分别调查，调查其品种、名称、数量、每天供应时间、季节特点、捕捞或养殖品种、资源状况、市场行情等，认真记录调查结果。

2. 海洋鱼类养殖调查

（1）养殖场概况。

（2）养殖状况调查（填写有关调查表）。

（3）养殖面积测量。

（4）水质检测。

（5）藻类检测和调查。

（6）微生物制剂调查。

（7）病害检测和调查。

（8）饲料和营养调查（饲料添加剂）。

（9）鱼类肠道微生物、益生菌等。

3. 海洋虾类养殖调查

海洋虾类养殖调查包括养殖状况调查（养殖调查表、记录）、水质检测、养殖藻类调查、病害调查、微生态制剂使用、健康养殖模式等。

（1）养殖场概况。
（2）养殖状况调查（填写有关调查表）。
（3）养殖面积测量。
（4）水质检测。
（5）藻类检测和调查。
（6）微生物制剂调查。
（7）病害检测和调查。
（8）饲料营养调查。

三、作业

（1）根据市场调查和采样，整理不同海洋动物资源调查的方法和内容。
（2）分别整理所采集的不同海洋动物样品的种类、分类地位，并制作相关标本。

实验十四 海洋动物生物学特性综合性研究

一、实验目的

全面掌握不同海洋动物的生物学特性研究方法。

二、实验内容

海洋动物（鱼、虾、螺、贝、蟹等）生物学特性研究包括：生物学测定、形态研究、生长研究、年龄研究、繁殖研究、食性研究等。

（1）海洋生物生物学测定，包括测定体长、体重、性别、性腺成熟度、食性、年龄等。
（2）海洋生物形态研究，包括外部形态、内部解剖结构分析。
（3）生长研究。
（4）年龄研究。
（5）繁殖研究。
（6）食性研究。

三、作业

针对一种海洋动物，整理其生物学特性综合性研究的内容和方法。

实验十五　海洋动物遗传多样性研究

一、实验目的

进一步拓展海洋动物学的知识,掌握海洋动物遗传多样性的研究方法和研究进展。

二、海洋动物遗传多样性简介

海洋动物遗传多样性的研究不仅可以揭示物种的起源与进化历史,而且为遗传资源的保存、海水养殖动物育种和遗传改良、整个海洋生态环境的修复和稳定等工作提供理论依据。

生物多样性通常包括遗传多样性、物种多样性和生态系统多样性3个水平。遗传多样性(genetic diversity)是物种多样性和生态系统多样性的基础,也是生命进化和物种分化的基础,更是评价自然生物资源的重要依据。因为一个物种的消失首先就是遗传多样性的降低,一个物种或群体的繁盛则常伴以遗传多样性的增加和稳定,而一个物种的兴衰又常决定整个群落或生态系统的演替行为。因此,对海洋动物遗传多样性的研究具有重要的理论和实际意义,不仅可以揭示物种的起源与进化历史,为海洋动物分类和进化研究提供有益的资料,而且可为遗传资源的保存、海水养殖动物育种和遗传改良,以及整个海洋生态环的修复等工作提供理论依据。

发掘和利用海洋动物基因资源是对其遗传多样性研究的最终目的之一。对基因资源的利用大体可分为两种形式:一种是不加修饰地直接利用野生型,另一种则是采用转基因、染色体工程、杂交及选择育种等方式对基因修饰后再加以利用。无论采用哪种方式,首先都需要合适的遗传标记(genetic markers)来明确地反映遗传多样性的生物特征。随着生物学技术的快速发展,遗传标记的种类已经逐渐从形态学、细胞遗传学、生物化学发展到分子生物学领域。由于遗传信息储存在细胞器和细胞核基因组的 DNA 序列中,故 DNA 水平的遗传多样性就显得格外引人注目。特别是20世纪80年代初的 DNA 分子标记技术的出现和飞速发展,加上近年来人类基因组计划的完成和相关生物基因组计划的开展,这些研究为遗传多样性的检测和研究提供了更丰富的手段和信息,加快了海洋动物遗传多样性研究的步伐。海洋动物遗传多样性研究中常用的 DNA 多态性标记与陆上和淡水生物的遗传多样性研究基本类似,主要包括:

RFLP、RAPD、AFLP、微卫星DNA（microsatellite DNA）、表达序列标签（express sequence tag，EST）、单链构象多态性（single strand conformational polymorphism，SSCP），以及建立在测序基础上的线粒体DNA（mitochondrial DNA，mtDNA）和单核苷酸多态性（single nucleartide polymorphism，SNP）等。不同的标记具有不同的特点，故所适用的研究领域和方向也不尽相同。例如，RFLP标记作为最早发展的分子标记，至今仍被广泛应用，其特别适用于构建连锁图，在分析群体内和群体间的遗传变异度、群体间基因流、有效群体大小的确定、生物地理格局的形成历史以及谱系和亲缘关系时也是强有力的工具。RAPD由于可以进行一定范围的空间和系统发育水平上的辨认，对于破译种群遗传结构是非常有用的，故其被广泛地应用于海洋动物群体遗传变异、群体间的基因流动、亲缘关系分析等许多研究领域。AFLP技术由于是基于基因组DNA水平的差异进行检测，不受组织和器官种类、发育阶段、生境条件等诸多因素的影响，在构建遗传图谱、种质资源研究、系统进化、品种鉴定及基因定位研究等方面都有很好的应用。微卫星DNA又称简单序列重复（simple sequence repeat，SSR），由于其为共显性、高多态性标记，也易操作，是当前海洋动物遗传多样性研究中应用最多的分子标记，包括遗传图谱的构建、亲缘关系较近个体的遗传分析，如在群体分析、家系分析、个体鉴定、近交分析、标记辅助选育和遗传图谱构建等中都发挥了巨大的作用。动物mtDNA已经成为研究近缘种和种内群体间甚至属、科、目、纲等更高分类阶元间遗传分化的有力工具。2003年，Hebert等提出mtDNA的某些保守基因如COI、16S rRNA或cytb的片段，可以作为DNA条形码（DNA barcode）用于物种的DNA分类，是近年来生物分类学中引人注目的新方向。随着测序技术的发展，成本大大降低，利用mtDNA序列测定进行海洋动物系统分类、群体遗传学、分子进化和种质资源保护等研究也已经展示了其强大作用。作为第三代遗传标记，SNP在基因组中具有高密度和高保守的特点，而且数量巨大、多态性高、具有二态性、易于自动化、高通量检测，因此，SNP在遗传作图、关联分析、传统的遗传分析以及海洋动物分子育种中有着广阔的应用前景。遗传多样性的研究有助于人们更清楚地认识现有生物资源状况，从而为采取更为适当的策略保护和合理利用现有资源提供正确的理论指导。对海洋重要经济动物而言，遗传多样性的研究可以监测遗传结构的变化及渔业实践对种群和群体遗传结构的影响，还可揭示诸如突变、自然和人工选择、洄游、混合等引起的基因频率变化，进而推导进化的内在本质。因此，遗传多样性检测不仅可以用于海洋动物种质资源研究，也可以用于系统演化、遗传育种等许多方面的研究。

1. 海洋鱼类

鱼类遗传多样性研究最初基于同工酶标记。但是，同工酶标记数有限、检测效率低，且只能反映基因组编码区的表达信息，因此，随着分子标记技术的长足发展，同工酶逐渐被各种DNA分子标记所取代。这些分子标记为鱼类遗传多样性的研究提供了技术保障，在鱼类种质资源、种间及种群间杂交、染色体操作及遗传连锁图谱构建等方面得到了广泛应用。

2. 海洋甲壳动物

近年来,随着人工繁殖技术的大力推广、小群体繁殖、过量的捕捞及水域环境的污染,我国海洋甲壳类尤其是虾蟹类资源严重退化。因此,研究它们的遗传多样性,对保护虾蟹类种质资源和保证养殖业的健康发展有重要意义。目前,各种遗传标记技术已经迅速渗透到海洋甲壳动物遗传多样性的相关研究中,并在种质资源、种群分化、系统进化和分子育种方面得到了广泛应用。

3. 海洋贝类

贝类作为我国重要的海水养殖对象,在海水养殖业中长期占主导地位,经济贝类的增养殖已经成为海洋可再生资源产业中的支柱性产业。国际上对海洋贝类遗传多样性的研究始于20世纪70年代,主要根据外部形态和同工酶的变异对遗传多样性水平进行评估。我国贝类遗传多样性的研究总体来说开展得较迟,自20世纪80年代,才逐渐进行了对珠母贝、牡蛎、扇贝、蛤、泥蚶、贻贝、鲍等经济贝类遗传多样性的研究。近年来,随着分子生物学技术的不断发展,我国海洋经济贝类的遗传多样性研究也逐步深入,获得的成果为海洋生物分类、贝类系统进化和种质鉴定、群体遗传变异与分化、遗传多样性保护、优良品种的标记辅助选育提供了重要参考。

近10年来,分子生物技术突飞猛进的发展将海洋动物的遗传多样性研究推向了新的发展阶段。一系列分子遗传标记方法的涌现,使得人们能够从DNA水平更直接准确地获得更丰富的遗传信息。纵观目前所使用的分子标记技术,在使用时或者在标记背景时等都存在不同的缺陷。因此,需要挖掘多态性、稳定性更高,适用性更强,又比较容易操作,成本较低的共显性标记。目前,遗传多样性的研究仍将基于多种遗传标记的综合分析。我们国家海洋动物遗传多样性的研究已经开展了几十年,相关应用也取得了一定的进展,甚至获得了一些国际领先的研究成果。但总体来说,目前对海洋生物遗传多样性的研究还处于认识阶段,研究成果与海洋生物资源的保存、开发和利用的结合也有待进一步加强。今后将围绕海洋动物的幼体鉴定、系统发育和进化,经济物种的遗传资源和种质退化,以及抗逆、抗病、生长快优良品种培育等方面开展针对性研究。近几年来,国内外已先后启动了一系列海洋动物如大西洋鲑、半滑舌鳎、大黄鱼、石斑鱼、牙鲆、中国明对虾、长牡蛎、栉孔扇贝、海胆等全基因组测序计划。随之产生的比较基因组学、蛋白组学等研究成果将更有助于全面了解和掌握我国海洋动物的种质资源状况。进一步还将构建更多物种的遗传连锁图谱,海洋动物基因也将被批量地发掘出来,越来越多的基因及其调控网络也会被解析出来,通过对其中关键主导基因的筛选、鉴定和功能分析,以及与其经济性状连锁分析,获得更多的分子标记,并进行定位,从而建立分子标记辅助育种技术,加快优良种质的创制和培育,促进海水养殖业的健康发展,实现海洋生物资源的保护、合理开发和可持续利用。

三、作业

查找相关文献,针对某一种海洋动物,整理和总结该种海洋动物遗传多样性的研究方法和进展。

实验十六　海洋动物开放性实验设计展示

一、实验目的

在全面学习海洋动物学知识的基础上,充分发挥学生的积极性和主动性,激发学生对海洋动物学理论和实验的兴趣,锻炼动手能力、独立分析问题和解决问题的能力,加强理论联系实践,培养独立获取知识和创新意识的能力。

二、实验要求

以小组为单位,结合所学的专业知识,查找相关文献,针对海洋动物设计相关实验制作 PPT 进行展示。展示 PPT 10min,答辩 5 min。要求目的明确,格式规范,设计科学合理可行,条理清晰。

三、实验材料

常用实验药品试剂如下。

1. 乙醇溶液

乙醇溶液为固定液与保存液兼用的药品。例如,95% 的乙醇溶液可以作为固定液,70%～80% 的乙醇溶液则可作为保存液。乙醇溶液易使细胞收缩,研究细胞内的细微构造时不宜使用。

乙醇溶液除用作固定液与保存液之外,在制作玻片标本时,常使用乙醇溶液逐级脱水。配制不同浓度的乙醇溶液,方法极为简单。例如,将 95% 的乙醇溶液配制成 70% 的乙醇溶液时,只要取 70 mL 95% 的乙醇溶液,再加上 25 mL 蒸馏水,即可配成。配备制其他浓度的乙醇溶液可依此类推。

2. 福尔马林

福尔马林为 35%～40% 的甲醛（formaldehyde,化学式为 HCOH）饱和水溶液。制备保存液或固定液所需的福尔马林时,常不计算甲醛的浓度,取 10 mL 福尔马林溶于 90 mL 蒸馏水中,即为 10% 的福尔马林。福尔马林为中性,纯福尔马林为无色透明液。凡含有钙盐成分的动物标本，都不宜用福尔马林作为保存液，而应用乙醇溶液代替，如对甲壳动物、棘皮动物以及贝类进行保存，都应使用70%的乙醇溶液。

福尔马林的固定力强，适用于以固定较大材料。4%～10%的甲醛水溶液为常用溶液，可以单独使用以固定动物组织。福尔马林还原力强，与铬酸、锇酸等混合配制成的固定液，不能长期存放，应随用随配。

福尔马林钙的配方如下。

$$\left\{\begin{array}{ll}中性福尔马林（加饱和碳酸钙） & 10\ \text{mL} \\ 蒸馏水 & 80\ \text{mL} \\ 氯化钙（CaCl_2） & 10\ \text{mL}\end{array}\right.$$

3. 乙酸

乙酸，又名冰醋（乙酸含量为36%～38%）、冰醋酸（乙酸含量为98%以上），低温时易结晶，为渗透力最强的药品，易使细胞膨化，并使细胞质内的胞器破坏，所以极少单独使用，常常用与其有互补作用的药品配合使用。使用浓度为1%～5%，如改良的卡诺氏（Carnoy's）液配方为甲醛3份、冰醋酸1份。

4. 三硝基苯酚

三硝基苯酚（苦味酸）为黄色结晶，受到撞击后易爆炸，商品包装为过饱和的水溶液。药品购到后，要立即配成饱和的水溶液。在15 ℃的条件下，需配以70～80倍水。如配制95%的乙醇饱和溶液，因乙醇易于挥发，应将瓶口塞紧密闭。饱和水溶液最为常用，如配制波因氏固定液。

三硝基苯酚渗透力强，不使材料硬化是其最大的特点。但易使组织收缩，不能单独使用。固定后的标本，要用70%的乙醇洗数次或用水洗数次。

5. 波因氏液

波因氏液的配方如下。

$$\left\{\begin{array}{ll}苦味酸饱和水溶液 & 75\ \text{mL} \\ 福尔马林 & 25\ \text{mL} \\ 冰醋酸 & 5\ \text{mL}\end{array}\right.$$

固定时间为24 h，或4～6 h。用水洗或用70%的乙醇溶液洗去过剩的固定液，2～3次即可。保存于70%～80%的乙醇溶液中。各种动物的组织皆可以使用。

6. 福尔马林、乙酸及乙醇混合液

这类混合固定液有多种比例配方。主要的变化是醋酸比例不同。

$$\left\{\begin{array}{ll}50\%～70\%乙醇溶液 & 90\ \text{mL}，或85\ \text{mL}，或10\ \text{mL}，或100\ \text{mL} \\ 福尔马林 & 5\ \text{mL}，或10\ \text{mL}，或10\ \text{mL}，或65\ \text{mL} \\ 冰醋酸 & 5\ \text{mL}，或5\ \text{mL}，或10\ \text{mL}，或2.5\ \text{mL}\end{array}\right.$$

固定 48 h，可用水洗或用 45% 乙醇溶液洗。此液可以兼作固定液和保存液。

7. 甲基蓝

甲基蓝为碱性染料，商品中成分不纯，常绿中带紫，可与染细胞质的染料并用。被用作生物染色剂，用于动物组织学中原生动物活体、细菌、神经细胞的染色。为医用消毒剂。常配成水溶液，若加 1% 的乙酸溶液可增强染色效果。此染料的缺点是易在乙醇溶液中褪色。使用前可先用碘酒处理标本 2 min，可以减少染料的脱落。醋酸甲基绿的配制方法如下。

$$\begin{cases} 甲基绿 & 1\ g \\ 冰醋酸 & 1\ mL \\ 蒸馏水 & 100\ mL \end{cases}$$

8. 亚甲基蓝

亚甲基蓝因有 4 个甲基，故为碱性染料。工艺上极难合成 4 个甲基的纯品。亚甲基蓝为核染剂之一，也可在病理、细菌及动物组织等研究中用作染料，也能用于神经活体染色。

9. 亮绿

亮绿为酸性染料。其在水中的溶解度为 20%，在乙醇溶液、丁香油中也能溶解。为细胞质及纤维染色剂，常作为苏木精染色剂的复染剂，用 95% 的乙醇溶液配成 0.2% 的溶液。亮绿染色后，在阳光下极易褪色，这是此色素的缺点。

10. 刚果红

刚果红为酸性染料，色素酸（dye acid）呈蓝色，因含有钠盐而呈红色。这种红色因游离酸存在而易变为蓝色，所以利用这种性质，可以判断细胞内有无游离酸，将其作为指示剂使用。常用的染色液为 0.5%～1.0% 的水溶液，染色 15 min。

11. 中性红

中性红为弱碱性色素。在水溶液的溶解度为 5.64%，在乙醇溶液的溶解度为 2.45%，中性点 pH 为 7.0。稍偏碱为黄色，偏酸性为红色。强碱性为蓝色，为弱核染色剂，可染高尔基体。

12. 瑞氏染液（Wright's stain）

瑞氏染液的配方如下。

$$\begin{cases} 瑞氏粉状染料 & 0.1\ g \\ 甲醇 & 60\ mL \end{cases}$$

将瑞氏染料置于研钵中，加少量甲醇，研磨使其溶解。将溶解的染液倒入棕色玻瓶中。剩余在研钵中的染料，再加入少量甲醇继续研磨促其溶解，反复进行，直到染料全部溶解。塞紧瓶口，在室温中使其醇热。若甲醇氧化（试纸检查），则不能配制瑞氏染液。

13. Giemsa 母液

将 Giemsa 粉末 1 g 先溶于少量甘油，在研钵内研磨 30 min 以上，至看不见颗粒为止，再将全部剩余（66 mL）甘油倒入，于 56 ℃温箱内保温 2 h。然后，再加入甲醇（66 mL），搅匀后保存于棕色瓶中。母液配制后放入冰箱可长期保存。一般刚配制的母液染色效果欠佳，保存时间越长越好。临用时用 pH 为 6.8 的磷酸盐缓冲液稀释 10 倍。

14. 碘液

取碘 1 g、碘化钾 2 g、蒸馏水 300 mL。先将碘化钾溶解在少量水中，再将碘溶解在碘化钾溶液中，最后用水稀释至 300 mL。

主要参考书目

[1] 李太武. 海洋生物学 [M]. 北京：海洋出版社，2013.

[2] CASTRO P, HUBER E M. 海洋生物学 [M]. 6版. 茅云翔，译. 北京：北京大学出版社，2011.

[3] CASTRO P, HUBER E M, OBER B. Marine Biology [M]. New York. McGraw-Hill Higher Education，2004.

[4] 杨德渐，孙世春. 海洋无脊椎动物学 [M]. 青岛：中国海洋大学出版社，1999.

[5] 梁象秋. 水生生物学 [M]. 北京：中国农业出版社，1998.

[6] 武汉大学. 普通动物学 [M]. 北京：高等教育出版社，1989.

[7] 陈阅增. 普通生物学 [M]. 北京：高等教育出版社出版，1997.

[8] 张培军. 海洋生物学 [M]. 济南：山东教育出版社，2009.

[9] 相建海. 海洋生物学 [M]. 北京：科学出版社，2003.

[10] 钱数本，刘东艳，孙军. 海藻学 [M]. 青岛：中国海洋大学出版社，2005.

[11] 梁象秋，方纪祖，杨和荃. 水生生物学 [M]. 北京：中国农业出版社，1998.

[12] 武汉大学等主编. 普通动物学 [M]. 北京：高等教育出版社，1989.

[13] 陈阅增. 普通生物学 [M]. 北京：高等教育出版社出版，1997.

[14] 姜云垒，冯江. 动物学 [M]. 北京：高等教育出版社，2007.

[15] 江静波. 无脊椎动物学 [M]. 北京：高等教育出版社，1995.

[16] 顾宏达. 基础动物学 [M]. 上海：复旦大学出版社，1992.

[17] 杨德渐，孙世春. 海洋无脊椎动物学 [M]. 青岛：中国海洋大学出版社，1999.

[18] 黄鹤忠. 海洋生物学 [M]. 苏州：苏州大学出版社，2000.

[19] 黄宗国. 中国海洋生物种类与分布（增订版）[M]. 北京：海洋出版社，2008.

[20] 刘瑞玉. 中国海洋生物名录 [M]. 北京：科学出版社，2008.

[21] 黄宗国，林金美. 海洋生物学辞典（精）[M]. 北京：海洋出版社，2002.

[22] 田清涞，高崇明. 生物学 [M]. 北京：化学工业出版社出版，1985.

[23] 厦门水产学院. 海洋浮游生物学 [M]. 北京：农业出版社，1983.

[24] 蔡英亚. 贝类学概论 [M]. 上海：上海科技出版社，1979.

[25] 戴爱云. 中国海洋蟹类 [M]. 北京：海洋出版社，1986.

［26］顾福康．原生动物学概论［M］．北京：高等教育出版社，1991．

［27］堵南山．甲壳动物学［M］．北京：科学出版社，1993．

［28］白庆笙，王永庆．动物学实验［M］．北京：高等教育出版社，2007．

［29］朱莉岩，汤晓荣，刘云，等．海洋生物学实验［M］．青岛：中国海洋大学出版社，2007．